A. F. Herbig (Hrsg.)
Kompaktwissen Kommunikations- und Führungstechnik – Band 3

Albert F. Herbig/Anette Stürmer

Informationskompetenz Wirtschaft

Erfolgreiche Informationsrecherche
für das betriebswirtschaftliche Bachelor- und Masterstudium

Herbig, Albert F./Stürmer, Anette
Informationskompetenz Wirtschaft
Erfolgreiche Informationsrecherche
für das betriebswirtschaftliche Bachelor- und Masterstudium
Books on Demand (BoD), Norderstedt, 1. Aufl. 2011
(Kompaktwissen Kommunikations- und Führungstechnik – Band 3)
ISBN 9783842347113

Bibliographische Information der Deutschen Bibliothek
Die Deutsche Bibliothek verzeichnet diese Publikation in der Deutschen Nationalbibliografie; detaillierte bibliographische Daten sind im Internet unter http://dnb.ddb.de nachzulesen.

Herstellung und Verlag: Books on Demand GmbH, Norderstedt
Umschlagentwurf: www.7grad-ost.com
Printed in Germany 2011

Herausgeber

Prof. Dr. Albert Herbig
Lehrgebiet Kommunikations- und Führungstechnik
Fachhochschule Kaiserslautern/
University of Applied Sciences
Fachbereich Betriebswirtschaft
D-66482 Zweibrücken
www.kommunikations-undfuehrungstechnik.de

Autoren

Albert F. Herbig

Professor für das Lehrgebiet ‚Kommunikations- und Führungstechnik' an der Fachhochschule Kaiserslautern, Fachbereich Betriebswirtschaft – Managementtrainer und Berater für die Bereiche ‚Kommunikations- und Führungstechnik' in Wirtschaft und Verwaltung.
www.kommunikations-undfuehrungstechnik.de

Anette Stürmer

M. A. Informationswissenschaftler und Germanistik, Mit-Geschäftsführerin der Agentur g-nau, büro für gestaltung und kommunikation, Lektorin und Texterin für Print- und Webprodukte, Dozentin für EDV-Schulungen, Technische Redakteurin, Projektleiterin im Event- und Marketingbereich
www.g-nau.de

Vorwort

In einer Wissensgesellschaft wird der Umgang mit Information, das erfolgreiche Suchen, Finden, Bewerten und Dokumentieren v. a. im Internet immer wichtiger. Die Fülle der grundsätzlich zur Verfügung stehenden Information hat jedoch zu einem Paradoxon geführt: Es ist leichter und gleichzeitig schwerer geworden, an die **passende** Information zu gelangen.

Die Erfahrungen mit Studierenden der „Generation Internet“ bzw. „net generation“ (Gaschke 2009, S. 13; Seufert 2007, S. 2) zeigen, dass diese mit den (inzwischen gar nicht mehr so) ‚neuen‘ Medien PC und Internet und deren neuen Informations-, Mitwirkungs- und Kommunikationsmöglichkeiten einerseits zwar völlig selbstverständlich umgehen (Stichwörter: „Digital Natives“, „Social Net“, „Web. 2.0“), dass sie aber andererseits hinsichtlich Informationsrecherche und -bewertung einen fast schon ‚naiven‘ Umgang mit dem Netz (und den ‚klassischen‘ Medien) pflegen: Das Meiste wird „gegoogelt“ oder bei Wikipedia nachgeschlagen, oft werden die erstbesten Treffer kritiklos übernommen, Quellen werden selten überprüft, das Internet selbst vielfach als ‚Autorität‘ angeführt. Für ein **wissenschaftlich fundiertes Arbeiten** an einer Hochschule reicht diese Herangehensweise bei weitem nicht aus.

Themenrelevante hochwertige Informationen erfolgreich zu suchen, zu finden und zu bewerten gehört unseres Erachtens heute zu den zentralen **‚Schlüsselqualifikationen‘**, die für die meisten Berufe und ein erfolgreiches Studium, insbesondere für ein Studium im Bereich der Wirtschaftswissenschaften, erforderlich sind.

Der vorliegende Band bietet einen umfassenden und systematischen Einblick in die Thematik. Wir verstehen **Informationskompetenz** als Teil der ‚methodischen‘ Kompetenz von angehenden Betriebswirten. Sie bezieht sich auf die Nutzung ‚klassischer' **und** ‚neuer' Medien wie Internet und PC im Rahmen von betriebswirtschaftlichen Problemlösungszusammenhängen. Dies gilt v. a. im Kontext wissenschaftlich basierten Arbeitens (im Sinne wissenschaftlichen ‚Problemlösens') wie z. B. im Rahmen von Projekt-, Bachelor- und Masterarbeiten. Das Buch wendet sich an alle, die ihre Informationskompetenz (weiter-) entwickeln und optimieren wollen, v. a. aber an Studierende, die im Rahmen wissenschaftlicher Arbeiten nach einschlägiger Information suchen.

Im **ersten Teil** des Buches (Kapitel 1, 2 und 3) wird zunächst in die Thematik eingeführt und auf die Grundlagen des wissenschaftlichen Arbeitsprozesses eingegangen. Im Anschluss daran werden im **zweiten Teil** (Kapitel 4 und 5) die verschiedenen Wege der Informationsbeschaffung systematisch und anhand ausgesuchter Beispiele dargestellt. Das Buch kann deshalb auch als reines **Nachschlagewerk** benutzt werden. Zu Beginn eines jeden Kapitels werden die Schwerpunkte vorgestellt, die auf den folgenden Seiten behandelt werden. Am Ende werden die wichtigsten Aspekte nochmals zusammengefasst. Jedes Kapitel endet mit weiterführender Literatur und Information, die zur Vertiefung der Thematik zurate gezogen werden kann. Die genauen Angaben dazu finden sich im Literaturverzeichnis am Ende des Buches.

Im Buch werden soweit möglich geschlechtsneutrale Bezeichnungen verwendet (z. B. „Studierende"), da wo dies nicht oder nur durch Doppelformulierungen möglich ist, wird die männliche Form (z. B. „der Verfasser") generisch (also Männer und Frauen einschließend) verwendet und verstanden.

Dem vorliegenden Band liegen langjährige Forschungsarbeiten im Rahmen des Projektes „Informationskompetenz für Wirtschaftswissenschaftler" an der Fachhochschule Kaiserslautern zugrunde. Danken möchten wir an dieser Stelle allen, die auf vielfältige Weise zur Entstehung dieses Bandes beigetragen haben: den (ehemaligen) Projektmitarbeiterinnen Frau Seiler und Frau Jung-

fleisch s
Fachhoch
Anregung
Lehrveran
beitstechni

Markus Jung
Gestaltung de
zuletzt Bashk
der Erstellung
hilfreiche kritis

Allen Lesern wüns

Albert F. Herbig und

Saarbrücken, Januar 2

Inhaltsverzeichnis

1. Einleitung

Während es früher schwierig war, relevante Fachinformation zu finden und zu beziehen, liegt heute das Problem v. a. darin, die durch die Möglichkeiten neuer Medien verfügbare ‚Informationsflut' intelligent zu selektieren und zu nutzen. „Ein zentrales Element des World Wide Web (WWW) besteht in dem Versprechen, Informationen zu beinahe jedem erdenkbaren Thema zur Verfügung zu stellen und neue Modelle der Autorenschaft zu ermöglichen, die die Bereitstellung und Verbreitung von Informationen auf elektronischem Wege vereinfachen. Damit stehen grundsätzlich immense Informationsmengen zur Verfügung, die in klassischen Medien entweder nicht oder zumindest nicht direkt vom Arbeitsplatz aus erreichbar waren" (Hölscher 2002, S. 13).

Vielen Untersuchungen zufolge beklagen Nutzer des WWW/Internet, dass es eines der größten Probleme darstellt, Informationen gezielt zu suchen und zu finden (u. a. Hölscher 2002, S. 13 f; Ellwein 2002, S. 6). Selbst Wissenschaftler scheinen vielfach trotz modernster Suchmöglichkeiten etwas abgelegenere Fachbeiträge nicht zu finden und in Folge nicht zu berücksichtigen und dadurch „Online ins Off" zu gelangen (O.V. 2008, Online ins Off, S. 16).

In einer Wissensgesellschaft, in der Wissen gerne als vierter Produktionsfaktor (neben Arbeit, Kapital und Boden) betrachtet wird, wird die professionell gestaltete Informationsrecherche v. a. in den ‚Tiefen' des Internets, dem so genannten „Deep Web" (vgl. Kapitel 4.5) immer wichtiger. „Erfolgreich Informationen zu suchen, zu finden und zu bewerten gehört deshalb heute zu den methodischen Schlüsselqualifikationen, also zu den nicht fachspezifischen, aber grundlegenden Fähigkeiten, die man für die meisten Berufe und ein erfolgreiches Studium mitbringen sollte" (Crisand 2002, S. 18 ff).

Die Kompetenz, Informationen fachspezifisch gezielt zu suchen und zu finden, wird in der Medienpsychologie „Informationskompetenz“ (Winterhoff-Spurk 1999, S. 133) genannt. Der weitere Begriff „Information Literacy“ der angloamerikanischen Literatur bezieht darüber hinaus auch die Fähigkeit mit ein, Informationen in klassischen Medien ebenso wie in elektronischen korrekt einzuordnen, zu bewerten und effektiv zu nutzen (vgl. Ingold 2005, S. 15 f).

Wir verstehen Informationskompetenz als Teil der ‚methodischen' Kompetenz und verstehen darunter mit Ingold die Fähigkeit, „diejenige Information umfassend und systematisch zu suchen, zu finden, zu bewerten und effektiv zu nutzen, die benötigt wird, um einen Informationsbedarf zu erfüllen, ein Problem zu lösen oder eine Entscheidung zu fällen“ (Ingold 2005, S. 15). Sie bezieht sich bei angehenden Betriebswirten auf die Nutzung klassischer und neuer Medien wie Internet und PC im Rahmen von betriebswirtschaftlichen Problemlösungszusammenhängen. Dies gilt v. a. im Kontext wissenschaftlich basierten Arbeitens wie etwa im Rahmen von Projekt-, Bachelor- und Masterarbeiten. Informationskompetenz umfasst also immer die Teilprozesse ‚Vorbereiten', ‚Suchen', ‚Finden' und ‚Bewerten'.

Die Nutzung der neuen Medien geht dabei weit über den Einsatz von Suchmaschinen hinaus. Für die zu bewältigenden wissenschaftlichen Schreibprozesse wird, neben bibliographischem Grundwissen, auch detailliertes informationswissenschaftliches Wissen über die Möglichkeiten und Grenzen einzelner Suchmaschinen, über zielorientierte Suchstrategien, über bereichsspezifische Informationsquellen wie Datenbanken, Bibliothekskataloge, Dokumentenlieferdienste, Wissens- und Lernportale und Archive etc. benötigt.

In Ausbildung und Studium nimmt diese Thematik häufig keinen oder nur einen geringen Stellenwert ein. Das Fehlen einer systematischen Auseinandersetzung mit dem Thema ‚Informationssuche' hat zur Folge, dass viele, v. a. jüngere Nutzer glauben, traditionelle Information in Büchern, Lexika etc. sei überflüssig, weil ohnehin alles im Netz zu finden sei. So halten deutsche Studenten einer Untersuchung nach den bekanntesten aller Wikis, die Wikipedia „für vertrauenswürdiger als die Online-Ausgaben bewährter Titel wie Encyclopaedia Britannica oder Meyers Lexikon“ (Wiarda 2008, S. 47). Diesbezügliche Ergebnisse einer Studie des Hochschul-Informations Systems (HIS) kommentierte der Präsident des Deutschen Hochschulverbandes, Bernhard Kempen, als „zumindest bedenklich“, da Wikipedia die Qualitätskontrolle durch ausgewiesene Experten fehle und „der kritische Umgang mit Information die Basis für ein unabhängiges Urteilsvermögen und damit Kernbestand universitärer Ausbildung“ (ebenda) sei.

Wenn es im Weiteren darum geht, aufzuzeigen, wie man einschlägige Information findet, geht es keineswegs darum, ‚klassische’ gegen ‚neue’ Medien auszuspielen. Der Versuch wäre schon deshalb zum Scheitern verurteilt, weil sich in vielen Bereichen Print- und Online Medium immer mehr ergänzen und durchdringen. Es geht vielmehr darum klarzustellen, wie beide mediale Systeme zusammenhängen und Wege aufzuzeigen, die jeweils qualitativ hochwertigste Information für eine konkrete Fragestellung bzw. ein praktisches Problem zu finden.

Das vorliegende Buch wendet sich vor diesem Hintergrund an alle, die ihre Informationskompetenz weiterentwickeln möchten, vor allem aber an Studierende und Fach- und Führungskräfte aus dem Bereich Wirtschaft, die nach geeigneten Methoden und Techniken suchen, um ihre wissenschaftlichen Arbeiten und Praxisprojekte mithilfe einschlägiger Literatur und Information erfolgreicher zu gestalten. Es bewegt sich dabei im Spannungsfeld verschiedener Wissenschaftsdisziplinen wie etwa der Informationswissenschaft, den Archiv-, Bibliotheks- und Dokumentationswissenschaften, der Informatik und natürlich inhaltlich der Betriebswirtschaft.

Ziel des vorliegenden Buches ist es, ein vertieftes Verständnis zu wecken, das wissenschaftlich fundiertes Arbeiten als ‚gestaltbaren

Prozess' begreift. Angestrebt ist auch, dem Leser zu illustrieren, dass in diesem Prozess die Literatur- und Informationsbasis eine zentrale Rolle spielt. Nicht zuletzt soll Verständnis dafür geweckt werden, dass dieser Prozess mithilfe geeigneter Methoden und Techniken besser – sprich effektiver – bewältigt werden kann. Vor dem Hintergrund der Komplexität der Thematik konzentriert sich die Darstellung der Thematik dabei auf die klassische Betriebswirtschaftslehre sowie auf die für deutsche Bachelor- und Masterstudierenden primär relevanten Informationsquellen.

Das Buch hat folgende **Themenschwerpunkte:**

Zunächst werden die **Grundlagen wissenschaftlichen Arbeitens** dargestellt **(Kapitel 2):**
- Was bedeutet wissenschaftliches Arbeiten?
- Welche Anforderungen werden an wissenschaftliches Arbeiten gestellt?
- Welche Phasen wissenschaftlichen Schreibens kann man unterscheiden?

Im Mittelpunkt des **3. Kapitel** steht die Vorbereitung, Durchführung und Auswertung von **Literatur- und Informationsrecherchen:**
- Welche Grundbegriffe sollte man kennen, um eine wissenschaftliche Informationsrecherche fundiert und erfolgreich durchführen zu können?
- Wie wird eine Informationsrecherche optimal vorbereitet und durchgeführt?
- Wie wird eine Informationsrecherche ausgewertet und dokumentiert?

Kapitel 4 beschäftigt sich mit den verschiedenen **Informationsquellen** für betriebswirtschaftliche Fragestellungen:
- Bibliotheken und Bibliotheksverbünde (Kapitel 4.2)
- Buchhandel und Verlage (Kapitel 4.3)
- Öffentliche Einrichtungen und Forschungsinstitute (Kapitel 4.4)

- Suchmaschinen (Kapitel 4.5)
- Datenbanken (Kapitel 4.6)
- Wirtschaftsportale (Kapitel 4.7)
- Fachpresse (Kapitel 4.8)
- Enzyklopädien, Lexika und Handwörterbücher (Kapitel 4.9)

Das Buch kann in diesem Teil auch als reines **Nachschlagewerk** benutzt werden.

Kapitel 5 präsentiert allgemeine Hilfen rund um den wissenschaftlichen Schreibprozess.

Die Auflistung von Beispielen in den Kapiteln 4 und 5 erfolgt wenn möglich nach den Prinzipien der Vollständigkeit, der Benutzungshäufigkeit bzw. der Relevanz, die die Quelle nach Einschätzung der Autoren für das wirtschaftswissenschaftliche Arbeiten hat. Sind solche Einstufungen nach Vollständigkeit, Verbreitung und Relevanz nicht sinnvoll oder möglich, so erfolgt die Auflistung der Beispiele in alphabetischer Reihenfolge. Es liegt keinerlei Wertung der Autoren vor.

Die Kapitel **Literatur und Information** und **Sachregister** helfen bei der Orientierung und Vertiefung.

2. *Der wissenschaftliche Arbeitsprozess*

Nach dem Lesen dieses Kapitels werden Sie

- die Anforderungen an wissenschaftliches Arbeiten kennen,
- Phasen wissenschaftlichen Schreibens unterscheiden können,
- verstehen, was wissenschaftliches Arbeiten bedeutet.

2. Der wissenschaftliche Arbeitsprozess

2.1 Wissenschaftliches Arbeiten – wissenschaftliches Problemlösen

Nach Baumann entstehen Wissenschaften dann, „wenn Erscheinungen im Leben des Menschen nicht mehr als selbstverständlich hingenommen, sondern ‚problematisiert' werden." (Baumann 1978, S. 13). Wir nehmen es im Alltag als selbstverständlich hin, dass Börsenkurse mal rauf, mal runter gehen, ob diesen Kursschwankungen aber Gesetzmäßigkeiten zugrunde liegen, untersucht „die Wissenschaft", also Wissenschaftler in ihren Arbeiten.

Jede Wissenschaft verfolgt dabei grundsätzlich das Ziel, ein besseres Verständnis ihres Gegenstandes – also in unserem Fall wirtschaftlicher Prozesse – zu gewinnen. Im Grunde ist Wissenschaft nichts anderes als die Befriedigung menschlicher Neugier (vgl. Krämer 1995, S. 7), die wir schon bei kleinen Kindern im Ausprobieren und Experimentieren beobachten können und später bei Jugendlichen, die an Wettbewerben wie „Jugend forscht" teilnehmen.

Wissenschaft darf dabei aber nicht zufällig und blindlings vorgehen, sondern muss methodisch angegangen werden. Sie „ist ein Prozess methodisch betriebener, prinzipiell nachvollziehbarer Forschung und Erkenntnisarbeit, der auf einem ursprünglichen und sachbestimmten Wissensdrang und Wahrheitssuchen beruht" (Krämer 1995, S. 7).

Wissenschaften stehen dabei nicht still, sie entwickeln sich weiter, indem sie ihre Erkenntnisse und ihre Methoden immer wieder in

Frage stellen. Ohne diesen grundsätzlichen Impetus wären wir vielleicht heute noch der Überzeugung, die Erde sei eine Scheibe, die Zeit ein konstanter Faktor und nicht relativ zu verstehen, und wir hätten vermutlich auch kein Internet.

Aber auch da, wo keine Grundlagenforschung betrieben wird, sondern Probleme der Wirtschafts**praxis** gelöst werden müssen, wird **wissenschaftliches** Problemlösen wichtig. Angewandte Forschung versucht, qualitativ hochwertige Lösungen auf der Basis aktuellster wissenschaftlicher Erkenntnisse zu finden. Wissenschaftlich basiertes Arbeiten an Hochschulen bedeutet so gesehen **wissenschaftlich basiertes Problemlösen**.

In den verschiedenen Arten wissenschaftlichen Arbeitens (vgl. Grass/Druegg 1998, S. 123 ff) von der Hausarbeit über die Projektarbeit bis zur Praxissemesterarbeit lernt der angehende Betriebswirt, wirtschaftliche Probleme wissenschaftlich zu bearbeiten und zu lösen. Spätestens beim Erstellen der Bachelor- oder Masterarbeit muss er dann den Beweis erbringen, dass er wissenschaftliches Arbeiten beherrscht.

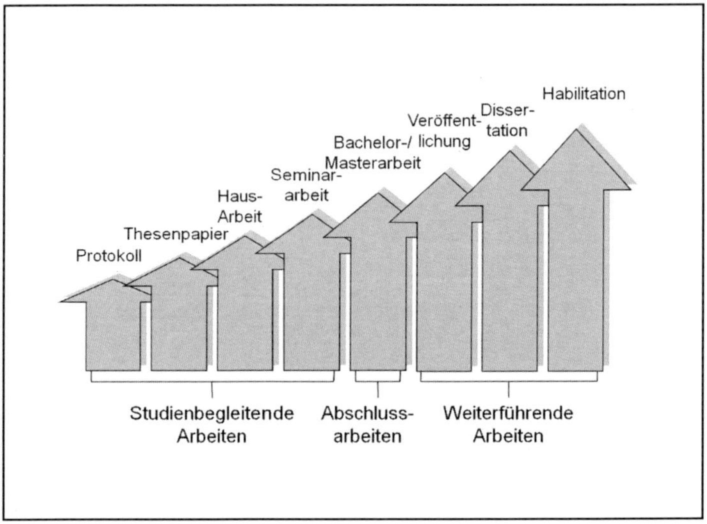

Abb. 1: Wissenschaftliche Arbeiten (in Anlehnung an Grass/Druegg 1998, S. 123)

2.2 Anforderungen an wissenschaftliches Arbeiten

Vor diesem Hintergrund sind an wissenschaftliches Arbeiten spezielle Anforderungen zu stellen, wie sie Grass/Druegg in Anlehnung an Seidenspinner zusammengestellt haben (vgl. Grass/Druegg 1998, S. 120 ff; Seidenspinner 1994, S. 9 ff):

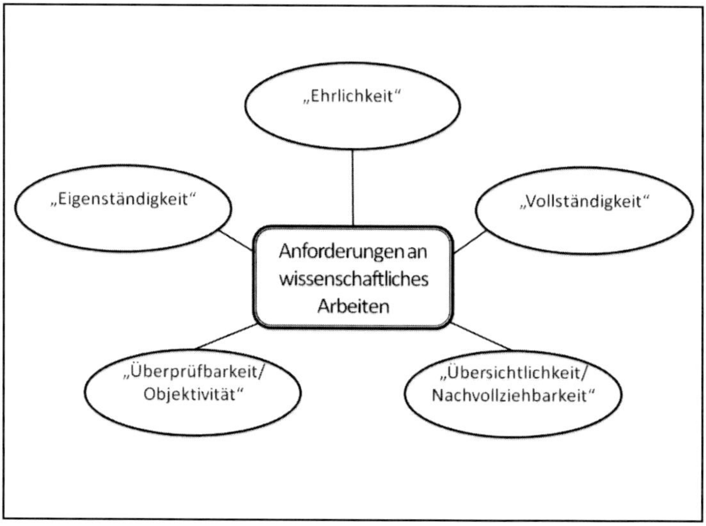

Abb. 2: Anforderungen an wissenschaftliches Arbeiten (in Anlehnung an Femers 2006, S. 227)

Im weiteren Sinn stellt jede wissenschaftliche Arbeit einen eigenen Beitrag zur Erweiterung der jeweiligen Disziplin dar. Je weiter ‚oben' eine Arbeit im Kanon wissenschaftlicher Arbeiten steht (z. B. eine Dissertation oder eine Habilitation), desto höher ist auch der Anspruch hinsichtlich des ‚Neuheitswertes' an eine solche Arbeit. Aber auch diese anspruchsvollen Arbeiten entstehen nicht im leeren Raum, sondern sie beziehen Theorien und Arbeiten anderer Wissenschaftler und Wissenschaftsdisziplinen mit ein und bauen darauf auf. Deshalb müssen alle Referenzen auf andere wissenschaftliche Arbeiten kenntlich gemacht und sinngemäß und nicht verfälschend wiedergegeben werden. Dieses Prinzip der **Ehrlichkeit** spiegelt sich in den Anforderungen an wissenschaftlich korrekte Zitation wieder. Das Gegenteil dieses Prinzips ist das so genannte „Plagiat" (vgl. Weber-Wulff 2010), also der Diebstahl geistigen Eigentums, der u. a. auch strafrechtliche Konsequenzen, zumindest aber Ruf schädigende Wirkung haben kann.

Da eine wissenschaftliche Arbeit auf der Höhe der aktuellen Erkenntnis sein sollte, müssen auch die zum Zeitpunkt der Bearbeitung wichtigsten Arbeiten (Ansätze, Theorien, Diskussionen etc.) mit einbezogen werden. Geschieht dies aus bestimmten Gründen wie Restriktionen hinsichtlich Zeit, Umfang oder Sprache nicht, so müssen diese Abweichungen deutlich gemacht werden (Prinzip der **Vollständigkeit**).

Da Wissenschaft wie dargestellt „ein Prozess methodisch betriebener, prinzipiell nachvollziehbarer Forschung und Erkenntnisarbeit" (Krämer 1995, S. 7) ist, muss dies auch nachprüfbar sein (Prinzip der **Überprüfbarkeit** und **Objektivität**). Deshalb ist es notwendig, Arbeitsmethoden, Erhebungstechniken, verwendete Literatur und Information etc. so genau anzugeben, dass der Leser die Argumentation und die Ergebnisse einer Arbeit jederzeit kritisch prüfen kann.

„Wissenschaftliche Arbeiten sollten möglichst prägnant, exakt und klar formuliert werden" (Grass/Druegg 1998, S. 122). Nach diesem Prinzip der **Übersichtlichkeit** sollte die Gliederung einer wissenschaftlichen Arbeit nachvollziehbar sein und die gedankliche Struktur des Textes wiedergeben. Sommer spricht in diesem Zusammenhang deshalb auch von der „Architektur wissenschaftlicher Texte" (Sommer 2009, S. 46). Der Text selbst sollte für den Adressaten verständlich (nicht für den Laien!), die Argumentation des Verfassers klar erkennbar und nachvollziehbar sein (vgl. Femers 2006, S. 273 ff).

Das Prinzip der **Eigenständigkeit:** Der Grad der Eigenständigkeit der Bearbeitung einer Thematik nimmt mit fortschreitendem Studium zu. V. a. Abschlussarbeiten (Bachelor- und Masterthesis) und weiterführende Arbeiten (wissenschaftliche Publikationen, Dissertationen und Habilitationen) müssen diesbezüglich entsprechend hohe Ansprüche erfüllen.

Grundsätzlich sollte durch eine wissenschaftliche Arbeit deutlich werden, dass der Verfasser in der Lage ist, die Techniken und Methoden wissenschaftlichen Arbeitens anzuwenden und eine wissenschaftliche Problemstellung oder ein Problem der wissenschaftlichen Praxis wissenschaftlich basiert zu lösen. Im Idealfall entwickelt ein Verfasser eigene Ansätze zur Problemlösung, entwickelt neue Methoden, kommt zu neuen Erkenntnissen etc. und leistet dadurch einen Beitrag zur Weiterentwicklung der jeweiligen wissenschaftlichen Bezugsdisziplin.

2.3 Phasen wissenschaftlichen Schreibens

In der einschlägigen Literatur zum wissenschaftlichen Schreiben wird der Erstellungsprozess analog zum Projektmanagement in aufeinanderfolgende (Projekt-) Phasen eingeteilt und dargestellt. Teilweise widersprechen sich diese Modelle in einzelnen Punkten, teilweise legen sie einzelne Schreibaktivitäten in unterschiedliche Phasen (vgl. dazu u. a. Grass/Druegg 1998, S. 120 ff; Bünting 1996, S. 21 ff; Sommer 2009, S. 71 ff).

Komplexe wissenschaftliche Schreibprojekte wie Bachelorarbeiten werden mithilfe solcher Modellierungen überschau- und überwindbar. In der Schreibpraxis überlappen sich die einzelnen Phasen, sind die Übergänge fließend, teilweise kann zwischen den Phasen auch ein iterativer Wechsel vorliegen (vgl. Sommer 2009, S. 71; Rößl 2003, S. 43; Corsten/Deppe 2008, S. 36).

Exemplarisch sei hier das Modell von Grass/Druegg (1998) vorgestellt:

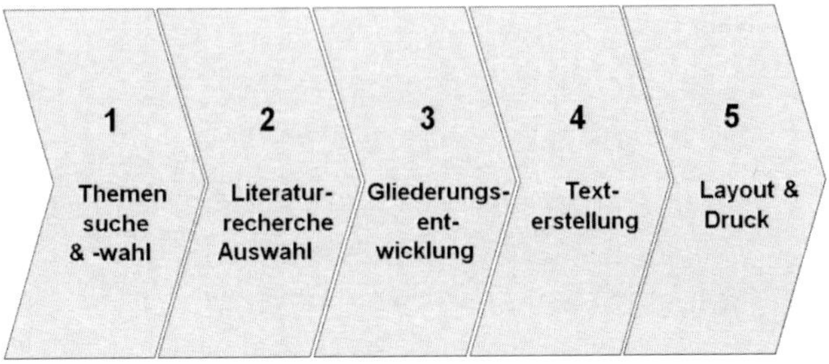

Abb. 3: Phasenmodell des wissenschaftlichen Schreibens (nach Grass/Druegg 1998, S. 120)

Phase 1: Themensuche und -wahl

In der ersten Phase muss ein Thema gesucht werden. Da man sich im Rahmen einer wissenschaftlichen Arbeit in der Regel über einen längeren Zeitraum sehr intensiv mit einem Gegenstand auseinander setzt, kommt der Themenwahl nicht zuletzt unter motivationeller Perspektive eine große Bedeutung zu. Auch werden wissenschaftliche Arbeiten auf dem Stellenmarkt als ‚Visitenkarten' für die Fachkompetenz eines Bewerbers/Mitarbeiters wahrgenommen. Allerdings ist die ‚freie' Wahl eines Themas nicht überall möglich, vielfach werden Themen auch vorgegeben.

Wie auch immer die Themenwahl stattgefunden hat, muss in dieser Phase der Gegenstandsbereich hinreichend konkretisiert und ab- und eingegrenzt werden, damit er in der zur Verfügung stehenden Zeit auch bearbeitbar ist. So wünschenswert eine vollständige Bearbeitung ist (Prinzip der Vollständigkeit), so selten lässt sich ein Thema unter gegebenen Rahmenbedingungen aus allen in Betracht kommenden Blickwinkeln erfassen. Brink (2007, S. 43) unterscheidet deshalb diesbezüglich in die beiden Dimensionen „**Bearbeitungsbreite**“ und „**Bearbeitungstiefe**“ eines Themas.

Die wichtigsten Arbeitsschritte in dieser Phase sind u. a.
- eine geeignete Themenstellung suchen,
- Literatur sichten,
- das Thema eingrenzen,
- die Vorgehensweise festlegen,
- einen Zeitplan aufstellen,
- ein Exposée schreiben (vgl. Bünting 1996, S. 21 ff).

Tipp

Schreiben Sie am Ende dieser Phase ein knappes Exposée zum Thema Ihrer Wahl (ca. 1-2 Seiten), das Sie mit Ihrem Betreuer abstimmen.
Es sollte
- die Problemstellung,
- die Zielsetzung,
- die geplante Vorgehensweise beschreiben sowie
- die grundlegende Literatur

auflisten.

Phase 2: Literaturrecherche und -auswahl
Wissenschaftliche Arbeiten müssen dem Prinzip der Vollständigkeit genügen. Das heißt, der Verfasser brütet nicht einfach über der Lösung seines Problems, sondern versucht zunächst zu erfassen, was die Wissenschaft diesbezüglich bereits geleistet hat, d. h. er greift auf themenrelevante Theorien, Forschungsansätze, Untersuchungen etc. zurück. Deshalb steht zu Beginn eines wissenschaftlichen Schreibprojektes immer ein „Prozess der systematischen Literatursuche und -auswahl“ (Corsten/Deppe 2008, S. 19). Nachdem in Phase 1 das Thema umrissen wurde, kann jetzt in die Tiefe gearbeitet werden: Schlag- und Stichwörter werden gesucht, Literaturhinweise systematisch recherchiert.

Im Anschluss daran bzw. begleitend dazu folgt eine ausgiebige Lese- und Informationsverarbeitungsphase mit dem Ziel, relevante Informationen auszuwählen (**Selektion**), diese dann ‚verstehend‘

und ‚kritisch' zu lesen (**Rezeption**) und mit anderen Informationen zu vernetzen (**Vernetzung**) (zu den verschiedenen Arten des Lesens und zur Literaturbewertung vgl. Corsten/Deppe 2008, S. 56).

Die wichtigsten Arbeitsschritte in dieser Phase sind u. a.
- Bibliographieren,
- Analysieren,
- Rezipieren,
- Exzerpieren und Paraphrasieren,
- Begriffe klären,
- Strukturieren und
- Vernetzen

(vgl. Bünting 1996, S. 21 ff).

Das Ergebnis dieser Phase ist in der Regel eine erste Gliederung.

Diese zweite Phase der Literaturrecherche und -auswertung kann bei empirischen Arbeiten bzw. Analysen durch die Methodenwahl und die Durchführung der Untersuchung ersetzt werden (vgl. Grass/Druegg 1998, S. 130).

Phase 3: Gliederungsentwicklung
In der dritten Phase muss das Thema strukturiert, die Gliederung im Detail entwickelt werden. Die Gliederung einer wissenschaftlichen Arbeit zeigt die Fähigkeit des Verfassers, ein Thema bzw. ein Problem sowohl in seine Teile zu zerlegen, als auch die systematischen Zusammenhänge zwischen den verschiedenen Aspekten aufzuzeigen und synthetisch und lösungsorientiert zusammenzuführen. Grass/Druegg sprechen deshalb in diesem Zusammenhang zu Recht von „**Strukturierungskompetenz**" (Grass/Druegg 1998, S. 137). Diese Fähigkeit ist nicht nur im Rahmen von wissenschaftlichen Schreibprojekten wichtig – für den Studierenden als potenzielle Fach- und Führungskraft der Wirtschaft ist sie ebenso von Bedeutung, da in wirtschaftlichen Kontexten „die Qualität der Problemlösung gerade auch von der Strukturierungs-

kompetenz des Managements abhängt" (Grass/Druegg 1998, S. 137).

Nach Brink (2007, S. 143) sollten „die einzelnen Punkte der Gliederung (...) (weitgehend) überschneidungsfrei voneinander abgegrenzt, aber gleichzeitig durch die innere Struktur der Gliederungsüberschriften sinnvoll miteinander verknüpft sein".

Auch wenn die Schreibaktivität des Gliederns hier einer eigenen Phase zugeordnet wird, handelt es sich dabei doch um einen iterativen Prozess, der in der ersten Phase beginnt und sich über den gesamten Schreibprozess in immer stärkerer Verfeinerung fortsetzt. Man spricht deshalb auch vom **„prozessorientierten Charakter der Gliederungsentwicklung"** (Grass/Druegg 1998, S. 137), der „kreativ" und „dynamisch" ist (Brink 2007, S. 143). Sommer ordnet deshalb die Schreibaktivität des Strukturierens und Gliederns der fast über den gesamten Arbeitsprozess reichenden Phase der Themenreflexion zu (Sommer 2009, S. 71).

Zu unterscheiden sind hinsichtlich des Gliederns und Strukturierens **Anforderungen formaler** und **Anforderungen inhaltlicher Art** (vgl. u. a. Brink 2007, S. 143 ff).

Zur Strukturierung gibt es neben dem allgemeinen Gliederungsschema ‚Einleitung', ‚Hauptteil' und ‚Schluss' je nach Form und Thema eine Vielzahl von speziellen Gliederungsschemata, mit deren Hilfe der Hauptteil weiter strukturiert werden kann. ‚Strukturieren' bedeutet dabei, das Thema für den Adressaten verständlich und überzeugend zu „entfalten" (vgl. Brinker 2001, S. 78). Bereits die Themenstellung gibt oftmals mehr oder weniger starke Hinweise auf die mögliche Strukturierung des Hauptteils. Themen wie „Vor- und Nachteile von ...", „Chancen und Risiken ..." oder „Darstellung und Kritik ..." legen die Grobstruktur des Hauptteils im Sinne eines **Textmusters** bis zu einem gewissen Grad fest. Bei weniger deutlichen Strukturvorgaben durch das Thema muss auch die Grobgliederung zunächst entwickelt werden, bevor sich eine detaillierte inhaltliche Ausarbeitung (Feingliederung) anschließen kann.

Für die Strukturierung des Hauptteils gibt es einige spezielle Gliederungsschemata und -verfahren, auf die hier vor dem Hintergrund der anders gelagerten Fragestellung dieses Buches nicht eingegangen werden kann. Diese grundlegenden Textmuster können sich sowohl auf den gesamten Hauptteil, wie auch auf einzelne Abschnitte (z. B. einzelne Kapitel) des Hauptteils beziehen (vgl. dazu u. a. Grass/Druegg 1998, S. 143 ff; Brink 2007, S. 160 ff).

Tipp

Arbeiten Sie in dieser Phase mit Fragen, statt mit nominalen Gliederungspunkten. Fragen Sie sich z. B. „Worum geht es? Was ist das Ziel? Wie gehe ich vor?" (statt „Einleitung"). So merken Sie selbst, ob Ihr Text Antworten auf die Fragen gibt.

Phase 4: Texterstellung
Auf der Basis der Gliederung muss das Erarbeitete, das Ergebnis der Beschäftigung mit der Thematik in eine sprachliche Form gebracht werden (Phase der Textproduktion). Dabei muss einerseits den formalen Anforderungen an eine wissenschaftliche Arbeit Genüge getan und **textsortenspezifische Textbausteine** wie z. B. Abbildungs-, Inhalts-, Abkürzungs- und Literaturverzeichnisse gestaltet werden, anderseits müssen inhaltlich Problemstellung, Forschungsstand, Ergebnisse, Methoden, Argumente etc. entsprechend verständlich und überzeugend formuliert werden.

Wissenschaftlicher Schreibstil unterscheidet sich dabei in einer Reihe von Punkten recht deutlich vom Alltagsstil (zu den Merkmalen und Regeln der Wissenschaftssprache vgl. u. a. Sommer 2006, S. 96 f; Franck 2003, S. 117 ff; Femers 2006, S. 228 ff). Beispielsweise müssen normative Aussagen belegt (Zitation), und Unterscheidungen und Begriffsbestimmungen eindeutig und klar formuliert werden, auch der Verfasser erscheint in der Regel nicht in ‚wir-' oder der ‚ich-' Form etc.

Die wichtigsten Arbeitsschritte in dieser Phase sind u. a.

- Begriffe definieren,
- Pointieren,
- Kritisieren,
- Argumentieren,
- Vergleichen,
- Zitieren,
- Zusammenfassen

(vgl. Bünting 1996, S. 21 ff).

Abschließend muss der Text **redigiert**, d. h. auf inhaltliche Geschlossenheit und Lesbarkeit geprüft werden. Die angestellten Überlegungen und Begründungen sollten nachvollziehbar sein, die Zitate richtig gekennzeichnet, der sprachliche Ausdruck verständlich und präzise sein.

Die wichtigsten Arbeitsschritte dabei sind

- das analytisch-kritische Lesen,
- das Herausarbeiten der Logik des Textes,
- das Streichen von Überflüssigem,
- das Einfügen von Überleitungen und Zusammenfassungen

(vgl. Bünting 1996, S. 21 ff).

Machen Sie sich nicht selbst durch ‚schöne' Druckformate vor, die Arbeit sei bereits fertig. Erhalten Sie sich möglichst lange die ‚Entwurfsversion' und bringen Sie Ihre Arbeit erst am Ende ‚in Form'!

Tipp

Phase 5: Layout und Druck

In der letzten Phase geht es ausschließlich um die **Form**, d. h. das **Layout** und den **Druck**. Am sprachlichen Ausdruck oder Inhalt sollte hier nichts mehr geändert werden. Formal müssen alle Teile der Arbeit gleich gestaltet sein, d. h. Hervorhebungen, Überschriften, Kopf- und Fußnotenbereich, Schrifttype und -größe, Einzüge, Abstände und Absätze, Tabellen, Grafiken, Abbildungen müssen durchnummeriert werden etc. Die Funktionalitäten von Textverarbeitungsprogrammen unterstützen den Verfasser bei dieser Arbeit (vgl. Kapitel 5.2).

Die wichtigsten Arbeitsschritte in dieser Phase sind

- Rechtschreibung überprüfen und korrigieren,
- Layout gestalten,
- Druckformate überprüfen

(vgl. Bünting 1996, S. 21 ff).

2.4 Zusammenfassung

Wissenschaft ist ein Prozess methodisch betriebener, prinzipiell nachvollziehbarer Forschungs- und Erkenntnisarbeit. Vor diesem Hintergrund sind spezielle Anforderungen an wissenschaftliches Schreiben zu stellen: Wissenschaftliche Arbeiten sollten ehrlich, vollständig, überprüfbar, nachvollziehbar und eigenständig sein. Der komplexe Prozess wissenschaftlicher Textproduktion lässt sich mithilfe von Modellen auf wesentliche Phasen und Aufgaben reduzieren. Weit verbreitet ist dabei die Einteilung in die Phasen der Themensuche und -wahl, der Literaturrecherche und -auswertung, der Gliederungsentwicklung, der Textproduktion im engeren Sinne und der Layoutgestaltung und des Druckens. In der Praxis gehen diese Phasen iterativ ineinander über.

Weiterführende Literatur und Information

Brink (2007)
Bünting (1996)
Corsten/Deppe (2008)
Grass/Druegg (1998)
Sommer (2009)

3. Die Informationsrecherche

Nach dem Lesen dieses Kapitels werden Sie

- fundierte Informationsrecherchen vorbereiten und durchführen können,
- wissen, wie man die Ergebnisse von Informationsrecherchen auswertet, liest und dokumentiert.

3. Die Informationsrecherche

3.1 Informationsbarrieren und Probleme im Umgang mit Information
3.2 Grundbegriffe der Informationsrecherche
3.2.1 Quellenarten
3.2.2 Selbstständige vs. nicht selbstständige Literatur
3.2.3 Monographie
3.2.4 Sammelwerk
3.2.5 Nachschlagewerk
3.2.6 Bibliographie
3.2.7 Periodikum
3.2.8 Amtliche Veröffentlichung
3.2.9 Graue Literatur
3.2.10 Abstract
3.2.11 Rezension
3.2.12 Kataloge/OPACs
3.2.13 Schlag- und Stichwörter
3.2.14 Suchbegriff/Keyword

3.3 Vorbereitung und Durchführung einer Informationsrecherche

3.3.1 Ein Thema/Problem einordnen, verstehen und eingrenzen
3.3.2 Eine Suchstrategie für die Informationsrecherche entwickeln
3.3.3 Eine Informationsrecherche durchführen

3.4 Eine Informationsrecherche auswerten und dokumentieren

3.4.1 Wissenschaftliche Texte lesen
3.4.2 Wissenschaftliche Texte bewerten
3.4.3 Wissenschaftliche Texte dokumentieren und ablegen

3.5 Zusammenfassung

3.1 Informationsbarrieren und Probleme im Umgang mit Information

Noch nie gab es so viele Möglichkeiten, Information zu jedem x-beliebigen Thema zusammenzutragen, noch nie war es aber auch so schwer, die Spreu vom Weizen zu trennen. Wenn man überlegt, dass die Anzahl der Bücher, die in der Geschichte der Menschheit jemals geschrieben wurde, auf ca. 32 Millionen geschätzt wird und ein Archiv, das alles enthalten würde, was die Menschheit bisher veröffentlicht hat, auf 50 Petabyte käme (das sind 50.000.000.000.000.000 Byte) und dass sich die Zugänglichkeit dieser Information ständig verbessert, dann wundert es nicht, dass Medien- und Informationswissenschaftler wie Winterhoff-Spurk oder Stock in diesem Zusammenhang schon seit einigen Jahren von der Notwendigkeit von Informationskompetenz für den Nutzer sprechen: „Wer die Möglichkeiten der Informationsmedien ausnutzen und auf dem neuesten Stand sein will, muss sich gezielt darum kümmern“ (Winterhoff-Spurk 2000, S. 48). Informationskompetenz hilft uns, mit den vorhandenen Informationsbarrieren konstruktiv umzugehen: „Informationsbarrieren behindern (…) den Fluss eigentlich relevanter Informationen auf seinem Weg vom ideal vollständigen aktuellen Weltwissen hin zum Nutzer“ (Stock 2007, S. 60).

„Den Informationsstrom so breit wie möglich zu halten (…) heißt, erstens die Informationsbarrieren zu kennen und zweitens, sie zu umgehen“ (Stock 2007, S. 61).

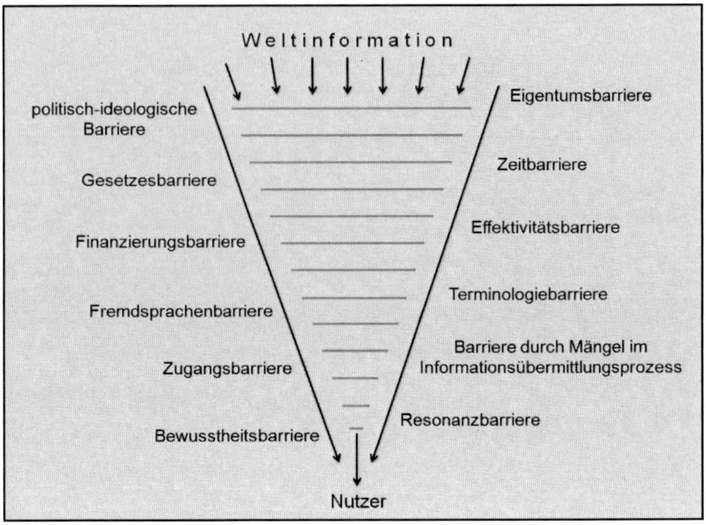

Abb. 4: Informationsbarrieren im Informationsfluss (nach Stock 2007, S. 61)

Zwischen den Möglichkeiten und der Nutzung klafft aber häufig eine große Lücke. Der Internetexperte Zuckerman behauptet sogar, dass „das Internet (…) unseren Blick auf die Welt nicht geöffnet, sondern verengt“ hat (Zuckerman 2010, S. 11). In der Praxis wird vielfach planlos ‚gegoogelt' und von 100.000 Treffern das erstbeste Ergebnis genommen – ohne zu hinterfragen, ob es auch das qualitativ Beste ist. Ude beschreibt diese Situation in seinem Beitrag „Lügen im Netz“ folgendermaßen: „Internetrecherche ist bequem. Das schnelle Medium gaukelt Aktualität vor, deshalb ist es inzwischen bei der Informationsbeschaffung meist die erste Wahl. In der Schule lautet die Aufgabe oft: Finde zum Thema X Informationen im Netz, und viele Schüler (und oft auch die Lehrer) glauben, mit ein bisschen googeln und dem Ausdruck der Fundstellen sei die Aufgabe erledigt. Dabei fängt die eigentliche Arbeit dann erst an. Die Informationen müssen verglichen werden, man muss ihre Glaubwürdigkeit einschätzen“ (Ude 2008, S. 37). Und Gugerli konstatiert: „Die Suchmaschine Google bestimmt die Routinen des Alltags, ist fest in die Browser aller Rechner eingebaut und lässt sich kaum mehr aus dem Bewusstsein der Gegenwart wegdenken“ (Gugerli 2009, S. 9). Auf die in wissenschaftlichen Kontexten wichtige Frage, woher die Information stamme, antworten viele Menschen auch heute noch „aus dem Internet“, so als handele es sich dabei um eine natürliche Autorität. Man stelle sich vor, auf die gleiche Frage hieße die Antwort „aus einem Buch“ – schallendes Gelächter wäre in einer Wissenschaftsgesellschaft vermutlich die Antwort.

Vielfach werden auch Suchbegriffe eingegeben, die gar nicht zu einem sinnvollen Ergebnis führen können, weil sie viel zu viele Treffer generieren. Geeignete Literatur und Information zur Beantwortung bzw. Analyse einer Spezialfrage z. B. im Bereich des Marketing kann nicht dadurch gefunden werden, dass man den Begriff ‚Marketing’ eingibt.

Auch herrscht vielfach Unverständnis über Aufbau und Eigenschaften der Informationsquellen, das gilt für klassische wie für neue Medien gleichermaßen. Ein Buch, das nicht als Ganzes (‚Volltext’) digitalisiert im Netz zu finden ist (wie z. B. das vorliegende Buch) kann im Netz auch lediglich bibliographisch ‚nachgewiesen‘ werden, d. h. man kann den Titel lediglich finden – um es im Ganzen oder relevanten Teilen zu lesen, muss man es jedoch kaufen oder leihen, also weiterführend und selbst aktiv werden. Aber auch bei der Nutzung einer Bibliothek muss man z. B. wissen, dass nicht jeder Artikel, der in einer Zeitschrift erschienen ist, über den OPAC online zu finden ist. Ohne eine vorherige Bearbeitung seitens der Bibliothek kann dieser Artikel oftmals nicht einmal nachgewiesen werden.

Weiterhin gilt es zu berücksichtigen, dass gute Information ‚wertvoll’ ist und deshalb häufig Geld kostet. Unternehmen und Forschungsinstitute geben viel Geld aus, um aktuellste Information aus entsprechenden Quellen, v. a. Datenbanken zu erhalten. Kommerzielle Informationsanbieter wie Genios haben die Schlüssel zu Datenbanken im Netz. Nur angemeldete und zahlende Nutzer haben Zugriff auf diese Daten, nicht aber Nutzer von Google und Co. In der Praxis bedeutet das, dass man v. a. im so genannten

‚Deep Web' immer wieder an Portale gerät, die die entsprechende Information nur gegen Bezahlung zur Verfügung stellen (vgl. Kapitel 4.5).

Aber auch die Vertrauenswürdigkeit von Information ist von großer Bedeutung. Um falsche Informationen, Lügen und Manipulation zu vermeiden, muss die jeweilige Quelle immer genau untersucht werden: Wer ist der Autor? Wer finanziert die Seite? Handelt es sich um einen Originaltext? Wer verweist auf die Seite? Um welche Art von Information handelt es sich? Diese Einschränkungen und Vorsichtsmaßnahmen gelten v. a. für Wikis, Blogs, Foren etc. (vgl. Ude 2008, S. 37).

Nicht zuletzt: Nicht die kürzeste und einfachste Information ist auch immer die beste. Sowohl das Internet wie auch klassische Medien „kann am besten nutzen, wer dafür die besten Voraussetzungen hat: Lesekompetenz, Urteils- und Konzentrationsvermögen" (Gaschke 2009a, S. 13). D. h. man muss sich mit verschiedenen Lesetechniken durch die Flut an Information kämpfen, Relevantes selektieren, kritisch-analytisch lesen, die gefundene Informationen vernetzen, sich ein Urteil bilden und das Ganze für die spätere Verwendung im Schreibprozess (siehe oben) festhalten und dokumentieren.

Wie in Kapitel 2 dargestellt, müssen wissenschaftliche Arbeiten dem Prinzip der Vollständigkeit genügen. Das heißt, der Verfasser versucht zunächst zu erfassen, was die Wissenschaft bezüglich seines Themas bereits geleistet hat, dazu greift er auf themenrelevante Theorien, Forschungsansätze, Untersuchungen etc. zurück. Weiterhin muss eine wissenschaftliche Arbeit dem Prinzip der Eigenständigkeit genügen und das bedeutet, dass der Verfasser in der Lage sein muss, die Techniken und Methoden wissenschaftlichen Arbeitens anzuwenden und eine wissenschaftliche Problemstellung oder ein Problem der Unternehmenspraxis wissenschaftlich basiert zu lösen – bis hin zum ‚Idealfall' der eigenständigen Ansätze und Problemlösungen, der Entwicklung neuer Methoden etc., also einem eigenständigen Beitrag zur Weiterentwicklung der jeweiligen wissenschaftlichen Bezugsdisziplin. Beides geht nur, wenn zu Beginn eines wissenschaftlichen Schreibprojektes immer ein entsprechender „Prozess der systematischen Literatursuche und -auswahl“ steht (Corsten/Deppe 2008, S. 19).

Eine Informationsrecherche ist dabei grundsätzlich ein **strukturierbarer Prozess**, dessen Ablauf unabhängig davon ist, ob die Recherche im Internet oder vor Ort in einer Bibliothek durchgeführt wird: „Wenn eine Informationsrecherche durchgeführt werden soll, steht ein bestimmtes **Ziel**, ein Interesse am Anfang. Zu bestimmten Aufgaben sollen möglichst geeignete Informationen gefunden werden, um die Aufgabe zu lösen. (...) Der erste Schritt jeder Recherche wird immer sein, zu diesem Informationsbedarf Schlagworte und Begriffe zu finden, nach denen gesucht wird“ (Ellwein 2002, S. 15).

3.2 Grundbegriffe der Informationsrecherche

Obwohl die Welt des Internets die jüngere ist und durch sie die Informationsbeschaffung revolutioniert wurde, baut sie doch auf den Grundlagen der älteren, klassischen Literaturrecherche auf. Um in beiden ‚Welten’ effektiv zu suchen, werden zunächst einige wesentliche Grundbegriffe erklärt (vgl. Herbig/Seiler/Strasser 2000).

3.2.1 Quellenarten

Die **Quellen** einer Informationsrecherche werden in der Regel nach Primär-, Sekundär- und Tertiärquellen unterschieden (u. a. Brink 2007, S. 45). Unter **Primärquellen** werden alle wissenschaftlichen Originaltexte verstanden, also Bücher, Zeitschriftenaufsätze, etc. Unter **Sekundärquellen** versteht man Verzeichnisse, die systematisch die Primärquellen nachweisen („verzeichnen“), z. B. Kataloge, Bibliographien etc. Sie helfen bei der Suche nach relevanter Information. **Tertiärquellen** stellen Wissenschaftsbereiche zusammenfassend dar. Beispiele hierfür sind Lehrbücher, Lexika, Hand- und Wörterbücher.

3.2.2 Selbstständige vs. nicht selbstständige Literatur

Literatur kann selbstständig oder unselbstständig erschienen sein. Als **selbstständig** bezeichnet man wissenschaftliche Texte, die als einzelne Einheit nachgewiesen und ausgeliehen werden können. Das ‚klassische' Buch ist ein solches abgeschlossenes selbstständiges Werk. Unter **unselbstständiger** Literatur versteht man Aufsätze und Artikel in Zeitschriften und Sammelwerken. Diese Literatur ist in der Regel schwerer zu ‚entdecken', da das Gesamtwerk bzw. die Zeitschrift bekannt sein muss, in der sie erschienen ist.

Weiterhin werden verschiedene Arten wissenschaftlicher Literatur unterschieden.

3.2.3 Monographie

Hierbei handelt es sich um **selbstständige Literatur**. Der Terminus hat eine doppelte Bedeutung. Einerseits ist Monographie – im Unterschied zum Periodikum – eine **abgeschlossene, für sich allein stehende** Veröffentlichung. Andererseits meint Monographie eine **ausführliche Darstellung zu einem einzelnen Thema**. Der Begriff steht im Gegensatz zum wissenschaftlichen Aufsatz in einem Sammelwerk. Es kann sich bei Monographien u. a. um Lehrbücher, Dissertationen, Habilitationen oder aber auch praxisorientierte Bücher handeln. Außer bei Dissertationen und Habilitationen können auch mehrere Verfasser eine Monographie erstellt haben. Lehrbücher bereiten den Wissensstand eines Gesamt- oder Teilgebietes einer Wissenschaftsdisziplin für Lehr- und Lernzwecke auf und enthalten in der Regel allgemein akzeptiertes Grundwissen. Sie können über den Namen des Verfassers, des Werkes oder über Stich- und Schlagwörter (vgl. unten) gesucht werden.

Abb. 5: Beispiel für eine Monographie

3.2.4 Sammelwerk

Ein Sammelwerk ist die Vereinigung von mindestens zwei (in der Regel aber mehr) Einzelwerken oder Teilen von Einzelwerken, die nicht von demselben Verfasser stammen. Ein Sammelwerk wird von einem oder mehreren so genannten „Herausgebern" gemeinsam zusammengestellt und veröffentlicht (Abkürzung: „Hrsg."). Man unterscheidet **fortlaufende Sammelwerke** (Zeitschriften, Jahrbücher, Serien usw.) von **begrenzten Sammelwerken**. Letzteres sind Publikationen, die einen von vornherein geplanten Abschluss haben wie etwa Festschriften, Proceedings oder Kongressberichte. Eine besondere Form des Sammelwerkes sind Hand- und Wörterbücher (siehe unten: Nachschlagewerke, Kapitel 3.2.5).

Der oder die Herausgeber tragen die Gesamtverantwortung für den jeweiligen Band. Bei den einzelnen Beiträgen (Aufsätzen) in einem Sammelband handelt es sich um unselbstständige Literatur, die nur über den ‚Umweg' des Sammelbandes (Herausgeber, Titel) gefunden werden kann.

Abb. 6: Beispiel für ein Sammelwerk

3.2.5 Nachschlagewerk

Nachschlagewerke sind besondere Sammelwerke. So ist z. B. eine **Enzyklopädie** ein nach weit gefassten Schlagwörtern alphabetisch geordnetes Nachschlagewerk mit einer eng begrenzten Anzahl von Artikeln in ausführlicher und wissenschaftlicher Darstellung.

Im Unterschied dazu enthält ein **Lexikon bzw. Wörterbuch** eine Vielzahl allgemein verständlicher, geraffter und alphabetisch angelegter Darstellungen zu eng gefassten Schlagwörtern.

Das so genannte **Enzyklopädische Lexikon** versucht, beide Arten in sich zu vereinen, indem es zwischen die kurzen, nach engen Schlagwörtern geordneten Artikel ausführlichere Abhandlungen zu weit gefassten Schlagwörtern einschiebt.

In der Praxis erscheinen vielfach Mischformen beider. Ist ein Nachschlagewerk allumfassend angelegt, wird es häufig vom Verlag „Enzyklopädie“ genannt, unabhängig von seiner Anlage. Mit den semantisch unscharfen Begriffen **Handlexikon, Taschen-**

lexikon, Universallexikon, Enzyklopädie unterscheiden Verlage aber häufig auch die mehr oder wenige umfangreichen Ausgaben des gleichen Lexikons.

Allgemeine, d. h. alle oder mehrere Wissensgebiete umfassende Lexika, nennt man **Universallexika** im Unterschied zu speziellen Sachlexika, die unter dem Titel **Sachwörterbuch** oder **Handwörterbuch** ein einzelnes Fach- oder Wissenschaftsgebiet abdecken. Handwörterbücher schlüsseln mithilfe von Einzelartikeln einen Themenbereich (z. B. Marketing) in viele Teilaspekte auf und stellen in sehr konzentrierter Weise den zum Erscheinungszeitpunkt aktuellen Wissensstand überblicksartig dar.

Abb. 7: Beispiel für ein Nachschlagewerk

Die meisten Nachschlagewerke leisten neben ihrer sachlichen Auskunftserteilung auch wertvolle bibliographische Dienste, da oft zu den Artikeln mehr oder minder umfangreichere Literaturangaben aufgeführt sind.

3.2.6 Bibliographie

Eine Bibliographie ist ein nach bestimmten Gesichtspunkten geordnetes Verzeichnis von Publikationen (z. B. zu einem bestimmten Sachgebiet, einer bestimmten Periode, einem bestimmten Verfasser). Zweck einer Bibliographie ist es, die unübersehbare Menge an Veröffentlichungen zu ordnen und zu verzeichnen und mithilfe genauer Titelaufnahmen formal zu beschreiben.

Abb. 8: Beispiel für eine Bibliographie

Während ein Bibliothekskatalog die Bestände einer oder mehrerer Bibliotheken nachweist, verzeichnet eine Bibliographie grundsätzlich Bücher, Zeitschriften und andere Medien ohne Rücksicht auf ihr Vorhandensein in einer Bibliothek. Bibliographien stellen (zumindest klassisch) lediglich Titelnachweise dar, der konkrete Fund- bzw. Ausleihort muss in der Regel in einem zweiten Arbeitsschritt recherchiert werden (kann aber auch durch einen Link mit der gesuchten Information verbunden sein). „Bibliographien zeigen an, wo, wann und wie ein Buch, eine Zeitschrift oder ein Aufsatz erschienen ist; sie stellen lediglich Titelnachweise dar, der Standort ist aber nicht angegeben und muss entsprechend in einem zweiten Rechercheschritt noch (in Katalogen) gesucht werden. Da es mittlerweile sehr viele Bibliographien gibt, werden sogar Verzeichnisse von Bibliographien, sog. Meta-Bibliographien, zusammengestellt" (Brink, 2007, S. 61).

In diesen Meta-Bibliographien wie der Bibliographie der Bibliographien der deutschen Bibliothek (Leipzig) werden die Bibliographien selbst wieder verzeichnet.
Systematische Einteilungskriterien von Bibliographien sind z. B.:

- **Inhalt**: allgemein (z. B. Nationalbibliographien, die alle Schriftdokumente aus einem Sprachraum verzeichnen) vs. fachspezifisch (nur Literatur aus einem Wissenschaftsgebiet) bzw. Erscheinungsform (nur Zeitschriften, nur Hochschulschriften, nur amtliche Publikationen etc.)
- **Erscheinungsform**: Buchform vs. Loseblattsammlung
- **Erscheinungsmodus**: selbstständig (als eigenständiges Buch) vs. unselbstständig (als Literaturverzeichnis in Handwörterbüchern, Zeitschriften etc.)
- **Erfassungszeitraum**: abgeschlossen vs. fortlaufend aktualisiert
- **Systematik**: geordnet nach Titel oder Verfasser oder Erscheinungsdatum vs. geordnet nach Thema
- **Selektionsgrad**: wird Vollständigkeit angestrebt vs. bewusste Auswahl von Titeln nach bestimmten Kriterien
- **Umfang**: ausschließlich Titel vs. Titel zzgl. Kommentar (eher selten) (vgl. Brink 2007, S. 61 f).

Die umfassendste Bibliographie eines Sprachraums ist die jeweilige Nationalbibliographie: Hier müssen Pflichtexemplare jeder Veröffentlichung eines Verlages per Gesetz eingereicht werden, so dass dieses Verzeichnis komplett alle Schriftstücke verzeichnet, die im jeweiligen Einzugsraum erscheinen. Für den deutschsprachigen Raum ist dies die Deutsche Nationalbibliographie:

- **Deutsche Nationalbibliographie und Bibliographie der im Ausland erschienenen deutschsprachigen Veröffentlichungen, Hrsg.: Die Deutsche Bibliothek, Verlag: Buchhändler-Vereinigung GmbH (wöchentliche Erscheinungsweise) – *http://dnb.d-nb.de***

Die Deutsche Nationalbibliographie verzeichnet den gesamten deutschsprachigen Bibliotheksbestand (siehe Kapitel 4.2) und erfüllt somit den gesetzlichen Auftrag der Deutschen Nationalbibliothek zur bibliographischen Verzeichnung aller in Deutschland erscheinenden Veröffentlichungen. Sie ist in gedruckter Form erhältlich und in jeder Universitätsbibliothek verfügbar.
Über *http://dnb.d-nb.de* kann jeder aber auch kostenfrei in der Datenbank der Deutschen Nationalbibliothek, die der Nationalbibliographie zugrunde liegt, recherchieren. Neben dieser frei zugänglichen Datenbank, die auch Informationen darüber gibt, wo man eine gefundene Literaturquelle (fern-)ausleihen oder erwerben kann, gibt es hier weitere Angebote, die Nutzern ermöglichen, selektiv neu hinzugekommene Datensätze in bestimmten Lieferintervallen zu erhalten o. ä.

Abb. 9: Zugriff auf die deutsche Nationalbibliographie (http://dnb.d-nb.de, Stand 17.12.2010)

3.2.7 Periodikum

Unter einem Periodikum versteht man traditionellerweise eine in regelmäßigen Abständen laufend erscheinende Druckschrift. Dazu gehören Tages- und Wochenzeitungen, Fachzeitschriften, Jahrbücher sowie in anderen Abständen (z. B. quartalsweise) erscheinende Druckerzeugnisse. Die Beiträge in einem Periodikum nennt man „Artikel". Fachzeitschriften sind meist aktueller als Bücher, da sie in der Regel mehrmals im Jahr erscheinen. Die wissenschaftliche Diskussion spielt sich in der Regel in diesen Zeitschriften ab. Da die Zahl der wirtschaftswissenschaftlichen Fachzeitschriften mittlerweile sehr groß ist, lohnt sich ein Blick in das Verzeichnis der deutschsprachigen Zeitschriften der **deutschen Bibliographie der Deutschen Bibliothek (ZDB)**. Viele Periodika erscheinen heute parallel online (E-Journals), einige sogar nur online (vgl. auch Kapitel 4.8).

Abb. 10: Beispiel für ein Periodikum (Fachzeitschrift)

3.2.8 Amtliche Veröffentlichung

Hierunter versteht man Dokumente, die aus den Bereichen der Gesetzgebung, der Rechtsprechung oder auch der Verwaltung stammen und je nach Thema einer wissenschaftlichen Arbeit herangezogen werden müssen. Sie liegen in Form von Statistiken, Periodika, Loseblatt-Sammlungen etc. vor (vgl. Kapitel 4.4).

3.2.9 Graue Literatur

Unter den Begriff ‚Graue Literatur' fasst man Materialien, die nicht im Buchhandel erschienen und nur schwer zu beschaffen sind, weil sie meist nur für einen bestimmten Personenkreis bestimmt und/oder (noch) nicht veröffentlicht sind. Dazu zählen Lehrstuhl- und Institutsberichte, Manuskripte, Working Papers, Diskussionspapiere, Vorlesungsskripte u. ä. Die moderne Form der Grauen Literatur sind Beiträge auf Homepages, Blogs, Lernplattformen etc.

3.2.10 Abstract

Unter einem Abstract versteht man im wissenschaftlichen Kontext eine auf wenigen Zeilen (z. B. 100-150 Wörter bei wissenschaftlichen Aufsätzen) oder Seiten stark zusammenfassende Beschreibung des Inhalts einer wissenschaftlichen Arbeit.

Ein Abstract dient der schnellen Information und Orientierung und hilft, die Relevanz einer wissenschaftlichen Arbeit für den eigenen Erkenntnisprozess zu beurteilen. Abstracts werden nicht weiter durch Absätze, Zitate oder Bilder etc. strukturiert und angereichert.

3.2.11 Rezension

Eine Rezension stellt eine bewertende Vorstellung und Besprechung von Literatur dar, in der Regel behandelt sie Neuerscheinungen. Rezensionen erlauben einen raschen Überblick über den wesentlichen Inhalt einer Publikation und geben Hinweise auf die

Lesewürdigkeit. Entscheidend für die Qualität einer Rezension ist der Verfasser (der so genannte ‚Rezensent'). Während bei *www.amazon.com* z. B. jeder Nutzer seine Kommentare abgeben darf, muss man in Fachzeitschriften ausgewiesener Experte sein, um eine Rezension schreiben zu dürfen – entsprechend unterschiedlich ‚wertvoll', weil fundiert bzw. neutral können Rezensionen sein.

cpw context politik: wissenschaft: kultur

Im Banne des Golem

Lawrence E. Mitchell über die amerikanische Unternehmenskultur

Von Roland Detsch

Während die Spitzen der Wirtschaft hierzulande noch neidvoll auf die himmlischen Renditen und göttlichen Saläre ihrer Kollegen in den USA blicken und von den unternehmerischen Freiheiten im Land der unbegrenzten Möglichkeiten schwärmen, sehnt man sich dort viel eher nach den europäischen „Sozialdemokratien". Nicht nur die Underdogs und rechtlosen Arbeiter, sondern neuerdings auch so mancher vermeintliche Optionsaktienmillionär, der nach den Crashs im Gefolge von Bilanzfälschungsskandalen und Mega-Insolvenzen unvermutet einem Lebensabend am Bettelstab statt im Luxus entgegen sieht.

Lange bevor die Bush-Administration reagierte und zum Kreuzzug gegen die grassierende Unmoral in der Wirtschaft blies, hat der an der George Washington Universität lehrende Rechts- und Finanzwissenschaftler Lawrence E. Mitchell dieses Phänomen problematisiert. In seinem Buch mit dem viel pointierteren Originaltitel *Corporate Irresponsibility* macht er die rücksichtslose Maximierung des *Shareholder Value* als Grundübel der amerikanischen Gesellschaft dingfest. Nicht nur, dass das unablässige Streben börsennotierter Unternehmen nach dem schnellen Profit eine Fülle destruktiver Begleiterscheinungen wie Massenentlassungen, Produktmängel, Umweltzerstörung zeitigten. Der Experte für Unternehmens- und Verwaltungsrecht, der die heimische Unternehmenskultur philosophisch wie juristisch und ihren globalen Dimensionen durchmisst, sieht in der ständigen Komplizenschaft der in dieser Maschinerie zur Mitarbeit verurteilten Menschen eine wesentliche Ursache für das zur Selbstsucht pervertierte Ethos des Individualismus in den USA. Er vergleicht das mit allen verfassungsmäßigen Rechten natürlicher Personen ausgestattete, aber nur beschränkt haftbar zu machende amerikanische Unternehmen mit einem außer Kontrolle geratenen Golem, der die Menschen beseelt und nicht umgekehrt.

Mitchell fordert die sofortige Befreiung der in einer Jekyll-Hyde-Schizophrenie gefangenen Manager von den strukturellen Diktaten der Aktien- und Kapitalmärkte sowie den kulturellen Zwängen der Wohlstandsmaximierung, damit sie ihre Aufgaben endlich sozialverträglich und moralisch einwandfrei wahrnehmen könnten. Ein bemerkenswertes Buch, das vor allem jenen zu denken geben müsste, die wirtschafts- und sozialpolitisch allzu gerne mit amerikanischen Verhältnissen liebäugeln.

Lawrence E. Mitchell
Der parasitäre Konzern
Shareholder Value und der Abschied von gesellschaftlicher Verantwortung
Riemann Vlg., Mchn. 2002 – 415 Seiten
Hardcover – € 21,90

Bewertung: ★★★★

(© cpw Medien- und Publikationsdienste)

Abb. 11: Beispiel für eine Rezension (http://www.cpw-online.de/rezensionen/mitchell.htm, Stand 17.12.2010)

Weitere Fachbegriffe, die sich auf das Suchen und Finden von wissenschaftlicher Literatur beziehen, sind **Katalog, Stich-** und **Schlagwort, Deskriptor** sowie **Suchbegriff/Keyword**.

3.2.12 Katalog/OPAC

Eine Bibliothek verzeichnet ihre Bestände in so genannten **Katalogen**. Ein Katalog ist ein Verzeichnis der Referenzinformationen zu Büchern oder sonstigen Medien. Bibliothekskataloge dienen dem **Nachweis** von gedruckten wie elektronisch verfügbaren Texten und Medien (Buch- und Zeitschriftenbeständen sowie weiteren

Materialien wie Videobändern, CDs, CBTs und anderen Audio- und Videodaten). Der klassische „Zettelkatalog“ wurde inzwischen weitgehend durch **Onlinekataloge** (so genannte **OPACs,** Online Public Access Catalogue) abgelöst. In einem Katalog kann man gezielt nach verschiedenen Kriterien wie Autor, Titel, Erscheinungsjahr etc. suchen.

In den letzten Jahren haben sich die Möglichkeiten der Online-Recherche deutlich erweitert: Nicht nur die Suchmöglichkeiten haben sich verfeinert, auch die Ergebnisse gehen heute vielfach weit über rein bibliographische Angaben hinaus. Je nach Quelle können Inhaltsverzeichnisse, Abstracts, Volltexte, Textauszüge, Mediengruppen etc. angesehen werden. Diese Bezüge auf andere Daten werden „**elektronische Referenzen**“ genannt, die Anreicherung des klassischen Kataloges „**Catalogue Enrichment**“.

3.2.13 Schlagwort/Deskriptor und Stichwort

Gesucht werden kann nach so genannten Schlag- und Stichwörtern. **Schlagwörter** (Synonym: **Deskriptoren)** sind Wörter, die den Inhalt eines Mediums als Begriff oder mehrere Begriffe wiedergeben. Die Vergabe von Deskriptoren wird daher in der Regel durch eine Redaktion bzw. eine Bibliothek auf der Basis eines ‚kontrollierten Vokabulars’ vorgenommen – sie wird auch als ‚Verschlagwortung’ oder ‚Indexierung’ bezeichnet. **Stichwort** bezeichnet dagegen ein in der Vorlage enthaltenes Wort (z. B. ein Wort aus dem Titel). Der Unterschied zwischen Stich- und Schlagwort muss bei der Recherche unbedingt berücksichtigt werden, da er große Auswirkungen auf das Ergebnis hat.

3.2.14 Suchbegriff/Keyword

Unter einem **Suchbegriff** oder **Keyword** versteht man eine Zeichenfolge, die von Internetnutzern im Rahmen ihrer Suchstrategie in Suchmaschinen, Datenbanken etc. eingegeben wird.

3.3 Vorbereitung und Durchführung einer Informationsrecherche

3.3.1 Ein Thema einordnen, verstehen und eingrenzen

Ein Thema kann, wie dargestellt, frei gewählt sein, es kann aber auch an einen herangetragen werden, sei es als Angebot der Hochschule, eines Unternehmens oder in Form eines Projektes. In jedem Fall steht vor einer Informationsrecherche immer eine klare Vorstellung vom Gegenstand der wissenschaftlichen Arbeit und seinen thematischen Facetten, dem ‚Thema'.

Jedes Thema ist per se **komplex**, weil es grundsätzlich viele Teilaspekte hat und mit vielen Nachbarthemen vernetzt sein kann. Es kann außerdem nicht nur Gegenstand der eigenen Disziplin, sondern auch von Nachbardisziplinen sein. Gerade betriebswirtschaftliche Themen sind vielfach auch Gegenstand anderer Wissenschaften, so dass eine Informationsrecherche sehr schnell viele Treffer in Nachbardisziplinen zutage fördert.

Festzustellen ist auch, dass der Begriff ‚Thema' häufig synonym mit ‚Titel' verwendet wird. Der ‚Titel' ist aber nur die (repräsentative) Überschrift für das (inhaltlich) zu bearbeitende ‚Thema'. Wichtig ist deshalb zu erkennen, dass das Thema nicht gleichzusetzen ist mit dem Titel der zu schreibenden wissenschaftlichen Arbeit und sich aus dem Titel auch nicht notwendigerweise die Suchbegriffe für die Recherche ergeben!

An folgendem Beispiel soll dies verdeutlicht werden:

z.B.

Sie sollen bei einer Handelsfirma eine Arbeit mit folgendem Titel schreiben: „Teamfähigkeit als Auswahlkriterium für Auszubildende im Handel".
Würde man jetzt nach ‚Stichwörtern' (s. o.) aus dem Titel wie ‚Handel', ‚Auszubildende' oder ‚Teamfähigkeit' suchen, so erhielte man eine riesige Menge an Treffer, die aber weder quantitativ

(zu viele) noch qualitativ (zu breit angelegte Fragestellung) zu einem sinnvollen Suchergebnis führen würden.

Die Angst, nicht genügend Information zu finden und nicht genügend schreiben zu können, haben viele Studierende zu Beginn der Beschäftigung mit einem Thema. Sie ist in der Regel völlig unbegründet. Je mehr man sich in ein Thema einarbeitet, desto mehr man ‚Experte' auf diesem Gebiet wird, desto mehr kann man auch darüber schreiben. Hat man sich zum ‚Experten' gemacht, besteht das Problem eher darin, sich zu konzentrieren und nicht zu viel zu schreiben.

Hilfreich für den Einstieg und die Bearbeitung der Thematik sind zunächst die **persönlichen Bezüge**, die der Verfasser in der Regel hat:

- **Der Wissensbezug**: Der Verfasser hat schon einmal etwas davon gelesen, etwas darüber gehört, besitzt bereits Informationen dazu (Vorlesungsunterlagen, Bücher o.ä.) etc.
- **Der motivationale Bezug**: Der Verfasser findet das Thema interessant/uninteressant, er hat positive/negative Empfindungen etc.
- **Der Erfahrungsbezug**: Der Verfasser hat schon einmal selbst etwas mit dem Thema zu tun gehabt.

Diese **Bezüge** gilt es zunächst **festzuhalten,** aufzuschreiben, zu visualisieren, zu hinterfragen. Es ist ein erster Schritt, sich mit dem Thema vertraut(-er) zu machen, ihm die ‚Größe', die ‚Komplexität' zu nehmen, kurz: einen ‚Zugang' zu finden.

Eine gute Hilfe für diesen Einstiegsprozess sind die aus der Kreativitätstechnik bekannten Methoden des Brainstormings und des Mind Mappings.

Die Kreativmethode **Brainstorming** wurde als Gruppenbrainstorming in den 40er Jahren von A. Osborn entwickelt. Sie ist die wohl bekannteste Methode, durch freie Assoziationen **Ideen** zu produzieren und Themen zu strukturieren, und wurde im Laufe der

Zeit auf vielfältige Weise weiterentwickelt (vgl. Meier 1995, S. 91 ff). Ziel dieser Technik ist es, Ideen zu einem Problem oder einem Thema zu generieren, die dann in einer sich anschließenden Phase strukturiert und ausgewertet werden können.

Das **Mind Mapping** ist ein kreatives Verfahren, das sprachliches und bildhaftes Denken zusammenführt (vgl. Meier 1995, S. 212 ff). Ziel des Mind Mappings ist es, in Form einer so genannten Mind Map, einer ‚Gedanken(land)karte', einen **strukturierten Überblick** über einen Themenbereich oder über mögliche Problemlösungen zu erhalten. Die Ausgangszielsetzung oder das Ausgangsproblem stehen dabei wie ein Baumstamm in der Mitte. Hiervon ausgehend werden thematische Hauptäste formuliert, die die Suchrichtung benennen oder wichtige Aspekte darstellen. Auf diesen Hauptästen wird nach weiteren Aspekten (‚Zweigen') gesucht, so dass sich die Problem- oder Ziellandschaft immer weiter verästelt. Auf diese Weise entsteht ein strukturierter Überblick über ein Themenfeld. Mind Maps können klassisch mit Papier oder digital mit entsprechender Software erstellt werden.

Die **Visualisierung** mithilfe solcher Methoden ‚**zeigt**' dem Bearbeiter einerseits, was ihm dazu einfällt und was er dazu bereits weiß, anderseits zeigt sie ihm aber auch, wo ‚leere' Stellen sind – also ‚offene' Fragen bzw. Unbekanntes.

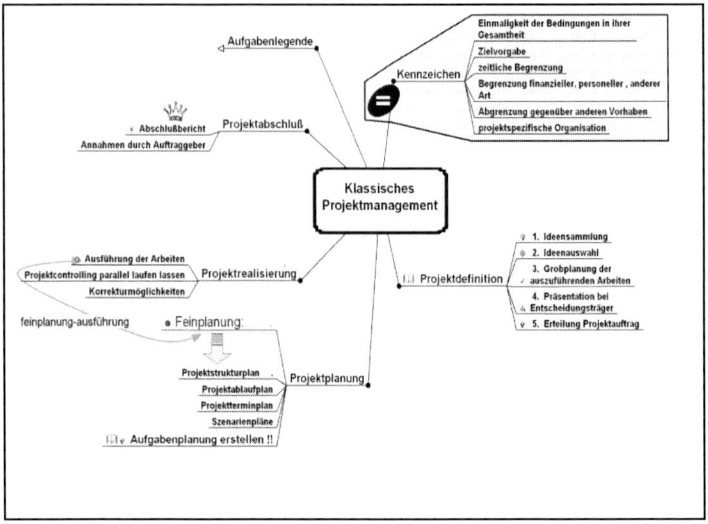

Abb. 12: Beispiel einer Mind Map zum Thema ‚Projektmanagement' (Quelle: http://www.wirtschaft.fh-dortmund.de/remsch/klassischesprojektmanagement.jpg, Stand 17.12.2010)

z.B.

Hinsichtlich unseres Beispiels „Teamfähigkeit als Auswahlkriterium für Auszubildende im Handel" sind dem Bearbeiter nach und nach jede Menge Bezüge eingefallen: Er hat sich erinnert, dass er dazu schon einmal etwas in einer Vorlesung über das Thema Personalwirtschaft gehört hat, er hat schon einmal etwas über Assessment Center als Instrument der Personalauswahl gelesen, er hat selbst schon einmal an einer Teamarbeit teilgenommen und hat diese wegen vieler Streitereien nicht gut in Erinnerung und er hat sich erinnert, dass sein Bruder im Rahmen seiner Ausbildung einmal auf einem Seminar zum Thema Teamfähigkeit war etc. Auch das Ziel der Arbeit wird nun langsam klar: Die Firma, bei der er seine Arbeit schreiben soll, möchte, dass er Möglichkeiten aufzeigt, wie man bereits im Auswahlverfahren die Teamfähigkeit der einzustellenden Azubis testen kann.

Genau hier kann nun der erste Schritt der Informationssuche beginnen: In der Regel muss man sich zu einem thematischen Aspekt zunächst einen **Überblick verschaffen** über den aktuellen wissenschaftlichen Forschungs- und Diskussionsstand, damit man abschätzen kann, welche Dimension eine Fragestellung hat und Ideen entwickeln kann. Dafür eignet sich besonders einführende und überblicksartige (klassische) Fachliteratur:

- Lehrbücher,
- Handwörterbücher,
- Vorlesungsunterlagen,
- Wörterbücher, Lexika und Enzyklopädien,
- Aufsätze mit Überblickscharakter in Sammelwerken oder Fachzeitschriften.

V. a. die **Indexe** bzw. **Sachregister** aktueller Überblicksliteratur können zu Beginn der Recherche genutzt werden, um sich ein genaueres **Bild** vom Thema zu machen. Man sollte diesen Begriff in diesem Zusammenhang tatsächlich ‚wörtlich' nehmen und am Ende dieser Phase ein **neues Bild** (z. B. Mind Map) des Themas gestalten: Es sollte sich jetzt ganz anders darstellen, klarer sein, detaillierter, aber auch strukturierter sein.

z.B.

In unserem Beispiel würde man sich also sinnvollerweise zunächst einmal mit Kapiteln und Artikeln zu Themen wie ‚Personal', ‚Personalauswahl', ‚Assessment Center', ‚Kompetenzdiagnostik', ‚Anforderungsprofil', ‚Teamfähigkeit' etc. einführend beschäftigen.

Hier zeigt sich bereits der **iterative und überlappende Charakter wissenschaftlicher Schreibprojekte** (vgl. die Phasenmodelle in Kapitel 2). Bereits in dieser ersten Phase der Themenwahl und -konkretisierung kommt man um das **Lesen** nicht herum. Allerdings ist das **Leseziel** hier ein anderes: Das Thema soll konkretisiert, eingegrenzt werden, Bezüge sollen erkennbar werden und die sich anschließende Phase der Informationssuche muss vorbereitet werden (**erste Orientierung**). In diesem Stadium der Themenbearbeitung eignet sich zumindest bei kleineren Arbeiten durchaus auch das in der Literatur als „Schneeballprinzip“ (Krämer 1999, S. 33) bzw. „assoziative Suche“ (Niedermair 2010, S. 136 ff) bekannte Verfahren, bei dem der Informationssuchende von der oben genannten einschlägigen und möglichst aktuellen Einführungs- und Übersichtsliteratur ausgeht und sich dann von den darin angegebenen Quellen weiterleiten lässt. Die Anzahl der Quellen nimmt dabei in der Regel schnell zu, gleichzeitig wird nach kurzer Zeit über die Zitate und Literaturverzeichnisse auch deutlich, dass es einen bestimmten Kern an Literatur gibt, auf den immer wieder referiert wird. Dass diese Methode Licht und Schatten hat, liegt auf der Hand (vgl. Corsten/ Deppe 2008, S. 38), für einen orientierenden Themeneinstieg ist sie jedoch durchaus geeignet.

Als Letztes muss das **Thema eingegrenzt** und konkretisiert werden (der seltenere Fall der Ausweitung wird hier vernachlässigt). Das Thema muss dabei präzisiert, d. h. eine zentrale Betrachtungsweise gefunden werden: die Problemlage, das Kernproblem, die Kontroverse und nicht zuletzt die Zielsetzung der Arbeit.

Fragen können dabei sehr weiterhelfen. Zentrale und davon abgeleitete **Forschungsfragen** (Unterfragen) präzisieren das Thema und geben erste Hinweise auf die Gliederung der Arbeit. **Die wissenschaftliche Arbeit ist die Beantwortung diese Fragen** (zur Rolle von Fragen im Forschungsprozess vgl. Rößl 2003b, S. 44 ff).

3.3.2 Eine Suchstrategie für die Informationsrecherche entwickeln

Wenn das Thema auf diese Weise entsprechend eingegrenzt, geklärt und verstanden wurde, dürfte es grundsätzlich nicht mehr schwer fallen, relevante und Erfolg versprechende **Suchbegriffe** für die Problemstellung zu finden und eine **Suchstrategie** zu entwickeln (vgl. Niedermair 2010, S. 118 ff).

Geeignete Suchbegriffe oder „Deskriptoren“ (vgl. Corsten/Deppe 2008, S. 28) findet man, indem man diese im Anschluss an die

Phase des Überblicks und der Themenanalyse generiert. Sinnvoll ist hier sowohl die Arbeit mit Synonymen und verwandten Begriffen, wie auch mit den englischen Entsprechungen.

Die identifizierten Suchbegriffe können mithilfe von Thesauri weiter verfeinert werden. Unter einem **Thesaurus** versteht man in den Informations- und Bibliothekswissenschaften ein Netz von Begriffen, das durch Relationen miteinander verbunden sind.

z.B.

Gibt man in unserem Beispiel den generierten Suchbegriff ‚Personalauswahl' in den Standardthesaurus Wirtschaft ein (*http://www.genios.de/thesaurus/),* so erhält man folgende Vernetzung:

Abb. 13: Suchergebnis mit einem Thesaurus (http://www.genios.de/thesaurus/, Stand 17.12.2010)

Die nun zu entwickelnde **Suchstrategie** sollte die folgenden Fragen beantworten:

- Was suche ich? (Inhalt und Art der Information)
- Wo und wie suche ich? (Mit welchen Suchmaschinen? Über welche Portale? In welchen Datenbanken?)

z.B.

Für unser Beispiel „Teamfähigkeit als Auswahlkriterium für Auszubildende im Handel" könnte folgende Suchstrategie abgeleitet werden:

- Sie wollen nach folgenden Schlüsselbegriffen als Stichwort (also im Titel) und als Schlagwort suchen: Personalauswahlverfahren, Assessment Center, Kompetenzdiagnostik, Anforderungsprofil, Teamfähigkeit.
- Sie wollen englischsprachige Literatur mit einbeziehen und deshalb bei den Treffern auf die entsprechende englischsprachige Fachterminologie achten und selbst englischsprachige Synonyme suchen.
- Sie kennen bereits einige Standardwerke und die darin enthaltenen Kapitel, sie wollen aber nach weiteren Lehrbüchern/einführenden Werken (v. a. jüngeren Datums) suchen, um sich einen Überblick zu verschaffen.
- Sie wollen einschlägige Fachzeitschriften und Konferenz- und Tagungsbände nach möglichst aktuellen ‚Best Practice'-Beispielen in Unternehmen durchsuchen.
- Sie wollen im Bereich ‚Handel' suchen und dabei den Begriff ‚Dienstleistung' verwenden.
- Sie wollen nach Spezifika für Auswahlverfahren für Azubis suchen, die diese möglicherweise von anderen unterscheiden.
- Sie wollen Literatur, die sie bereits in ihrer Überblicksrecherche (s. o.) in einführenden Lehrbüchern, Handwörterbüchern und anderen Nachschlagewerken gefunden haben, nachweisen und bestellen.
- Sie wollen neben dem OPAC Ihrer Bibliothek auch in Buchhandelsverzeichnissen nach aktuellen lieferbaren Titeln suchen.
- Sie wollen außerdem Kontakt aufnehmen mit der örtlichen IHK und nach möglichen Kontakten für den Bereich ‚Ausbildung im Handel' fragen.

3.3.3 Eine Informationsrecherche durchführen

Auf der Basis der dargestellten Vorbereitung kann nun auf verschiedenen Wegen und in verschiedenen Quellen nach Information gesucht werden (vgl. Kapitel 4 und 5).

Eine Informationsrecherche kann traditionell, elektronisch oder auf beiden Wegen durchgeführt werden. Ein ‚Entweder-oder' ist heute nicht mehr sinnvoll. Ebenso können die benötigten Informationsquellen klassisch gedruckt und/oder auch elektronisch vorliegen. Vielfach findet sich elektronisch nur der Nachweis (also die bibliographischen Informationen wie Autor, Titel, Erscheinungsdatum etc.) der entsprechend gedruckt oder als E-Book vorliegenden Information (z. B. eines Buches), das dann via Fernleihe oder Kauf bestellt oder downgeloadet werden muss. In welcher Form eine Information vorliegt und wie schnell sie zugänglich ist, ist dabei grundsätzlich kein (!) Qualitätskriterium.

Sinnvollerweise beginnt man, auf den Internetseiten der Bibliothek der eigenen Hochschule zu recherchieren: Über den **OPAC** wird angezeigt, was in den eigenen Beständen vorhanden ist und sofort ausgeliehen werden kann, weiterhin gibt es meist auch weiterführende Links auf andere (Verbund-)Kataloge, einschlägige Internetseiten und ggfs. auf vorhandene Datenbanken. Parallel dazu kann man zunächst über eine Buchhandelsseite im Verzeichnis lieferbarer Bücher nach aktuellen, im Handel befindlichen Publikationen suchen und je nach Fragestellung direkt auf eine entsprechende Internetseite zugreifen.

Während die allgemeine Suche in OPACs bequem von zu Hause aus geschehen kann, ist die Suche in Datenbanken aus lizenzrechtlichen Gründen oftmals nur vor Ort (also in der Bibliothek) oder nur mithilfe eines speziellen Zugangs wie etwa VPN möglich. Man sollte sich dabei klar machen, dass ein OPAC eine Datenbank ist, also ein nach einheitlichen Regeln strukturierter Datensatz aus gleichartigen Datenfeldern. Ein Computer braucht Eindeutigkeit und funktioniert nach bestimmten Regeln. Umso mehr man darüber weiß, umso effektiver kann man suchen und finden!

Zu Beginn einer Recherche sollte man sich deshalb mit dem jeweiligen **Suchinterface**, also der Oberfläche der jeweiligen Suchmaschine (auch Information Retrieval System genannt), vertraut machen. Neben den gängigen Möglichkeiten, nach Autor, Titel, ISBN- bzw. ISSN-Nummer zu suchen, kann man auch gezielt nach Schlagwörtern, bestimmten Literaturarten, Sprachen etc. recherchieren und sich die Ergebnisse nach bestimmten Kategorien und Prioritäten sortiert anzeigen lassen (Profisuche/erweiterte Suche). Die entsprechenden Suchoptionen (einstellbare Suchfilter über Kästchen, Boxen, Toolbars) sollte man sich genauer ansehen. da sie unerlässlich sind, um die Suche zu spezifizieren.

Sucht man beispielsweise nach einem Verfasser, muss man die Namen in der für das Suchmaschinensystem richtigen Reihenfolge von Vor- und Nachname eingeben: Die Eingabe von ‚Herbig, Albert', ‚Albert Herbig' und ‚A. Herbig' führt je nach System zu unterschiedlichen Treffern (vgl. die Selbstversuche von Zimmer 2000, S. 81).

Entsprechend der vorher definierten Suchstrategie können die **Suchbegriffe** nun in die entsprechenden Felder und in verschiedenen Kombinationen eingegeben werden. Dazu sollte man einige methodische Aspekte beachten.

So sollten bei der Eingabe so genannte **Stoppwörter** vermieden werden, also Wörter und Zeichen, die sehr unspezifisch in der jeweiligen Sprache vorkommen und die von Suchmaschinen häufig nicht akzeptiert, da die resultierenden Treffer keine effektive Antwort auf Suchfragen ergeben. Zu den Stoppwörtern gehören z. B. Artikel und Präpositionen sowie die Boolschen Operatoren (vgl. unten), aber auch Einzelbuchstaben (a, b, c), Satzzeichen, html-Befehle (head, body, table etc.) und Bestandteile von Internetadressen (www, html, @ etc.). Viele Suchinterfaces lassen diese Begriffe heute einfach wegfallen.

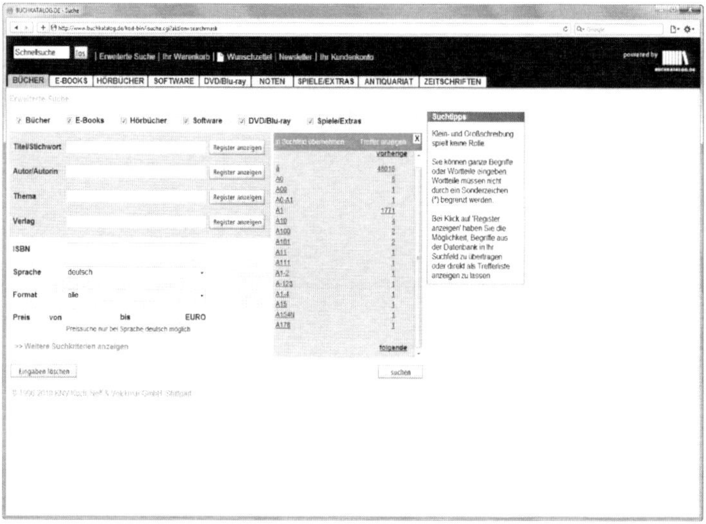

Abb. 14: Erweiterte Suchmöglichkeiten eines OPACs (http://www.buchkatalog.de/kod-bin/isuche.cgi?aktion=searchmask, Stand 17.12.2010)

Weiterhin ist es hilfreich, mit so genannten **Trunkierungen (Wildcards)** zu arbeiten, d. h. Platzhaltern für bestimmte Teile oder Buchstaben des Suchbegriffs. Mit einer Wildcard am Ende sucht man z. B. nach allen Begriffen zu einem Wortstamm. Mit Trunkierungen kann man z. B. nach Begriffen mit verschiedenen Endungen für Singular oder Plural oder mit identischen Wortstämmen suchen. Trunkierungszeichen sind je nach Datenbankprogramm meistens */?/# oder sonstige Sonderzeichen.

Beispiele für Trunkierungsergebnisse:
Team = Team fähigkeit*
kompetenz
entwicklung
rollen
etc.

*Gra*ik sucht nach Grafik und Graphik gleichermaßen*

Mit der **Phrasensuche** hingegen kann man nach einem bestimmten Ausdruck suchen, der genau so vorkommen muss. Meist wird die Phrasensuche mit " " eingeschlossen.

„Teamfähigkeit in der Ausbildung“ – Es werden nur Titel angezeigt, in denen genau diese Phrase (Zeichenfolge) vorkommt.

Bei Autorensuche „Albert Herbig“ – Die Phrase „Herbig, A.“ wird so nicht gefunden.

Weiterhin kann man mit den nach dem englischen Mathematiker Boole benannten **Boolschen Operatoren** arbeiten und mit ihrer Hilfe Schlag- oder Stichwörter verknüpfen (vgl. u. a. Corsten/ Deppe 2008, S. 32; Niedermair 2010, S. 110 ff).

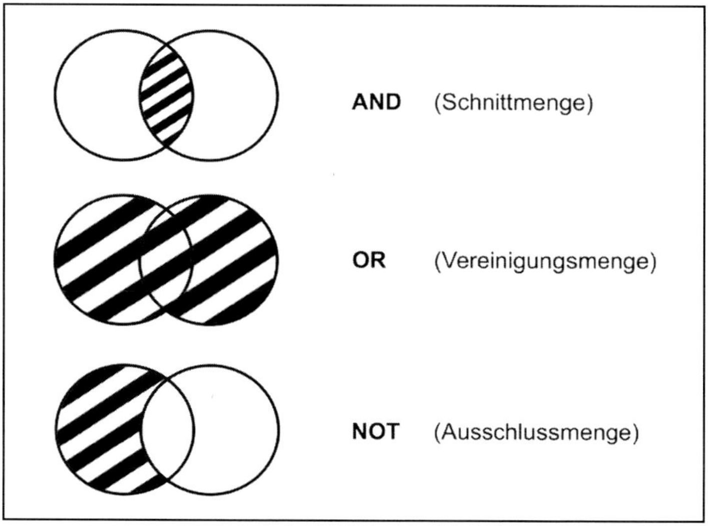

Abb. 15: Logische Operatoren (die schraffierte Fläche stellt die gesuchte Menge dar)

Da die meisten Suchmaschinenbetreiber internationale Dokumentenverzeichnisse besitzen, ist man auf der sicheren Seite, wenn man die logischen Verknüpfungen auf Englisch formuliert. In der Regel können die Operatoren in Groß- oder Kleinbuchstaben geschrieben werden, AND und NOT können durch + und – ersetzt werden:

- Eine **AND (+)**-Abfrage (das eine und gleichzeitig das andere) liefert alle Treffer, die alle eingegebenen und mit AND verknüpften Suchbegriffe beinhalten.

- Eine **OR (I)**-Abfrage (entweder das eine oder das andere, d. h. beides, egal ob gleichzeitig oder einzeln vorhanden) liefert alle Treffer, die einen der eingegebenen Suchbegriffe enthält.

- Eine **NOT (-)**-Abfrage (alles andere, aber nicht das angegebene) lässt Ausschlüsse zu. Man kann also, um bestimmte Bereiche auszuschließen, diese mit NOT einengen.

Team NOT Fußball

Eine weitere Möglichkeit bietet die **Klammer.** Mit diesem aus der Mathematik bekannten Hilfsmittel kann man sehr gut mehrere Verknüpfungen kombinieren. In Klammern zusammengefasste Suchausdrücke werden in Gruppen abgearbeitet.

Team AND (Entwicklung OR Auswahl) sucht nach dem Begriff „Team“ und nach einem der beiden Begriffe „Entwicklung“ oder „Auswahl“.

Wie und mit welchen Zeichen diese Operatoren in den jeweiligen Suchinterfaces angegeben werden, kann variieren, je mehr man sich damit allerdings beschäftigt, desto besser ist das Ergebnis, sprich, desto differenzierter die Ergebnismenge.

Neben den oben dargestellten Feldern eines OPAC kann auch das Internet nach bestimmten Bereichen durchsucht werden (**Feldsuche/Suche nach Dokumentbestandteilen**). Die Felder sind bestimmte Bereiche innerhalb einer Internet(html)seite, wie z. B. Adresse (URL), Seitentitel, Domainnamen. Diese Möglichkeiten werden in den Suchmaschinen meist unter ‚Profisuche’ oder ‚Erweiterte Suche’ angeboten. Die Syntax ist immer: „Feldname:Begriff“.

title:suchwort findet alle Seiten, die den gesuchten Ausdruck im Titel enthalten.
lang:deutsch sucht in deutschsprachigen Dokumenten.
audience:Studenten sucht in allen Dokumenten, denen als Zielgruppe "Studenten" zugeordnet ist.
author:Stürmer findet alle Dokumente, bei denen im Meta-Tag der Autor Stürmer steht.

url:suchwort findet alle Seiten, die das Suchwort in der URL enthalten.
anchor:suchwort findet Seiten, bei denen der Suchbegriff im Text des Hyperlinks steht.
Image:bildname findet den Dateinamen eines Bildes (gif oder jpg).
domain:domainname findet eine bestimmte Top-Level-Domain.
host:hostname findet Seiten eines bestimmten Servers.
link:URLtext findet alle Seiten, die einen Link zu der angegebenen URL haben.

Alle genannten Möglichkeiten können bei der Suche miteinander kombiniert und so komplexe Suchanfragen gestartet werden.

Eine weitere sinnvolle Eingrenzung ist auch die über den **Erstellungszeitraum**, v. a., wenn man aktuelle Literatur sucht, und über die **Sprache und Länder.** Dabei sollten die **Suchergebnisse** von Anfang an **ausreichend gesichert werden**.

Wie unschwer zu bemerken ist, ist die Vorbereitung und Durchführung einer Informationsrecherche keine Angelegenheit, die man nebenbei und auf die Schnelle erledigen kann. Sie erfordert Zeit - wie viel hängt vom Einzelfall ab -, in jedem Fall in der Regel deutlich mehr als ein mit wissenschaftlichen Schreibprojekten wenig vertrauter Studierender zunächst annimmt und nicht selten auch mehr als das letztendliche Schreiben der Arbeit. Neben der Zeit erfordert sie auch Geduld und den Willen, sich nicht mit den erstbesten Ergebnissen zufrieden zu geben (nach dem Motto „es wird schon reichen"), sondern wirklich passgenaue und qualitativ hochwertige Ergebnisse zu erzielen. Weiterhin sollte deutlich geworden sein, dass der Prozess der Informationsrecherche nicht an einer bestimmten Stelle aufhört, sondern mit unterschiedlicher Intensität während eines großen Teils des Schreibprozesses weiter läuft. Jede **intelligente Informationsrecherche** arbeitet iterativ und versucht möglichst in allen möglichen Suchfeldern sinnvolle Einträge und Kombinationen herzustellen. Nicht die Anzahl der

Treffer ist entscheidend, sondern die Passgenauigkeit auf die Frage.

Wenige passgenaue Informationen bringen Sie deutlich weiter voran, als viele nicht passende!

3.4 Eine Informationsrecherche auswerten und dokumentieren

3.4.1 Wissenschaftliche Texte lesen

Angesichts der Fülle von Informationen, die man im Laufe eines wissenschaftlichen Schreibprojektes zu bewältigen hat, kann man einerseits unmöglich alles gründlich lesen, andererseits genügt ein oberflächliches Lesen auch nicht. Wie also kann man zielführend, wissenschaftlich ausreichend, lesen?

Grundsätzlich können **verschiedene Arten des Lesens** unterschieden werden (vgl. u. a. Sommer 2008, S. 89 f, Brink 2007, S. 34). Wir unterscheiden für unseren Zweck mit Metzger die Formen des „vorbereitenden Lesens“ und des „gründlichen Analysierens“ (Metzger 2002, S. 111). Beim **vorbereitenden Lesen** geht es darum, Relevantes von Nicht-Relevantem und Wichtiges von Unwichtigem zu selektieren. Die Quellen werden selektiv (quer) gelesen, teilweise nur überflogen und ihre Relevanz hinsichtlich der Themenstellung geprüft (vgl. die Termini „suchendes“ bzw. „kursorisches“ Lesen bei Corsten/Deppe 2008, S. 56). Hierbei ist es hilfreich, sich zunächst auf Klappentexte, Einleitungen (Fragestellung, Zielsetzung, Methode), Inhaltsverzeichnisse (Themenrelevanz, Struktur), Zusammenfassungen und Literaturverzeichnisse (Grundlagen der Arbeit) zu konzentrieren.

Beim **gründlichen analytischen** Lesen (vgl. Corsten/Deppe 2008, S. 56: „analytisch-kritisches Lesen“) werden die Quellen intensiv und kritisch ausgewertet. Die Inhalte und Ergebnisse müssen verstanden, die Argumentation nachvollzogen, die Methoden überprüft werden. Bei schwierigen Texten müssen Begriffe nachgeschlagen, teilweise Passagen mehrmals gelesen werden. Die gewonnenen Erkenntnisse gilt es, parallel immer mit den anderen Informationen zu vernetzen und abzugleichen. Dieses Lesen ist sehr zeitintensiv und lässt sich kaum optimieren.

3.4.2 Wissenschaftliche Texte bewerten

In der Welt der Wissenschaft gibt es eine Reihe von einschlägigen Aspekten für die ‚Prüfung‘ bzw. Bewertung‘ der gefundenen Information hinsichtlich ihrer Qualität – dies gilt für klassische Publikationen genauso wie für Internetquellen. Es handelt sich dabei um folgende Aspekte:

- **Themenrelevanz**: Inwiefern ist der Inhalt/sind Teile des Inhaltes für die Bearbeitung der eigenen Thematik von Interesse? (v. a. Titel, Untertitel, Inhaltsverzeichnis)
- **Renommée und Expertenstatus** des Verfassers: Ist der Verfasser von anderen Veröffentlichungen her bekannt? Ist er Experte auf dem Gebiet? Was hat er noch geschrieben?
- **Renommée des Verlages bzw. der Internetquelle**: Handelt es sich um einen national oder international renommierten Wissenschaftsverlag, um einen Fachverlag? Wer steht hinter der Internetquelle – eine Hochschule, ein Forschungsinstitut?
- **Renommée der Herausgeber**: Das Renommee der Herausgeber eines Sammelbandes oder eines Periodikums kann ebenfalls zur Bewertung der Information herangezogen werden.
- **Zitierindizes** wie der Social Sciences Citation Index (ssci) geben Aufschluss über die Häufigkeit, mit der englischsprachige Publikationen zitiert werden.
- **Zeitschriftenratings** wie z. B. www.v-h-b.de können zur Beurteilung von nicht-selbständigen Publikationen herangezogen werden.
- **Auflage**: Gibt es ältere Auflagen? Neuauflagen sind ein Anhaltspunkt für anhaltendes Interesse an dieser Publikation.
- **Aktualität**: Wie aktuell ist die Information, wann ist sie erschienen?

- **Rezension** in einer Fachzeitschrift: Gibt es solche? Wie wurde das Buch in der Fachwelt aufgenommen?
- **Literaturverzeichnis**: Welche Information wurde herangezogen? Lassen sich Richtungen bzw. ‚Schulen' erkennen?

Je weiter man in einem Studium kommt bzw. je mehr man zum ‚Experten' für ein bestimmtes Fachgebiet im Rahmen eines wissenschaftlichen Schreibprozesses wird, desto schneller erkennt man anhand dieser Aspekte den Wert einer gefundenen Information bzw. Publikation.

3.4.3 Wissenschaftliche Texte dokumentieren und ablegen

Damit die Ergebnisse der Informationsrecherche und -auswertung nicht verloren gehen, ist es sinnvoll, diese von Anfang an sowohl **formal** wie auch **inhaltlich** zu dokumentieren (vgl. Niedermair 2010, S. 157 ff). Soweit möglich sollten deshalb Kopien (bei Büchern und Aufsätzen) bzw. Sicherungen der jeweiligen Seiten bei Internetquellen (HTML oder pdf-Dateien) angefertigt und mit eindeutiger Kennzeichnung abgelegt werden.

Grundsätzlich sollte die Dokumentation der Information dabei folgende **Anforderungen** erfüllen: Die ausgewertete Information sollte

- wieder auffindbar,
- strukturiert abgelegt und
- vollständig sein.

Diese drei Kriterien gelten sowohl für klassische Print-, wie auch für die digitale Dokumentation.

Die formalen bibliographischen Angaben dokumentiert man am besten in einer flexiblen **Arbeitsbibliographie** (vgl. Metzger 2002, S. 109). Die gefundene Literatur kann entweder klassisch, beispielsweise mithilfe von Karteikarten, oder digital mithilfe eines Office-Programms oder einer speziellen Literaturverwaltungssoftware wie Citavi (*www.citavi.com*) verwaltet und dokumentiert werden. Neben der Eingabe der relevanten Angaben bietet eine Literaturverwaltungssoftware vielfältige Möglichkeiten, Daten zu ex- und importieren, zu sortieren und zu verlinken (vgl. Kapitel 5.3).

Bei den zu dokumentierenden Informationen kann zwischen der **formalen** und der **inhaltlichen** Information unterschieden werden.

Formal müssen alle wissenschaftlichen relevanten Daten festgehalten werden. Dazu gehören:

- Autor,
- Herausgeber,
- Titel, ggf. Untertitel,
- Auflage,
- Erscheinungsort sowie Erscheinungsjahr,
- Verlag,
- Auflagen,
- Reihe und Reihenherausgeber,
- Standort in der Bibliothek,
- Pfadangabe (URL) im Internet mit Tag der Recherche.

Je nach Literaturart kommen weitere Aspekte dazu. Nur so können die im Schreibprozess verwendeten Textpassagen entsprechend zitiert werden (zu den Techniken des Zitierens vgl. u. a. Brink 2007, S. 211).

Inhaltlich können alle Aspekte der Informationsquelle festgehalten werden, die für die Bearbeitung des eigenen Themas von Bedeutung sind: wörtliche Zitate, zentrale Thesen und Argumente, Abbildungen und Tabellen, Bezüge zu anderen Quellen, eigene Überlegungen, kritische Anmerkungen etc. Wichtig ist, dass nicht alles, sondern v. a. Wesentliches festgehalten wird (vgl. Metzger 2002, S. 55 ff). Wie ausführlich und in welcher Form die Notizen gestaltet werden hängt u. a. davon ab, welcher Lerntyp man ist, ob man auf die ursprüngliche Quelle weiterhin zugreifen kann (Kopien, Sicherungen) und wie tief man sich bereits in die Thematik eingearbeitet hat.

3.5 Zusammenfassung

Anders als bei vielen alltäglichen Recherchen muss eine wissenschaftlich fundierte Literatur- und Informationsrecherche der Anforderung der Vollständigkeit genügen. Sie muss deshalb gut vorbereitet, strukturiert und zielorientiert durchgeführt werden. Hilfreich dabei sind einige Unterscheidungen und Grundbegriffe der Literatur- und Informationsrecherche. Weiterhin gilt es, das zu bearbeitende Thema zu Beginn richtig einzuordnen, zu verstehen und einzugrenzen. Erst dann können zentrale Suchbegriffe und eine sinnvolle Suchstrategie für die Recherche entwickelt werden. Die Kenntnis der Eigenschaften von Suchinterfaces und geeigneter Suchtechniken helfen, die Zahl der Treffer einzugrenzen und qualitativ hochwertige Ergebnisse zu erzielen. Für eine derart ‚intelligente' Informationsrecherche sollte entsprechend Zeit eingeplant werden. Die Beherrschung verschiedener Arten des Lesens und Techniken der Informationsdokumentation helfen, das Suchergebnis zu sichern und für eine weitere Bearbeitung im wissenschaftlichen Schreibprozess zu dokumentieren.

Weiterführende Literatur und Information

Brink (2007)
Corsten/Deppe (2008)
Ebert (2010) – www.klug-suchen.de
ITam GmbH (2010) – www.recherchefibel.de
Karzauninkat (2010) – www.suchfibel.de
Metzger (2002)
Niedermair (2010)

4. *Wichtige Informationsquellen*

Nach dem Lesen dieses Kapitels werden Sie

- wissen, welche Möglichkeiten der Recherche es in Bibliotheken und Bibliotheksverbünden gibt,
- verstehen, wie man die Angebote des Buchhandels und der Verlage zur Recherche nutzt,
- die Informationsofferten Öffentlicher Einrichtungen und Forschungsinstitute nutzen können,
- Suchmaschinen besser einsetzen können,
- wissen, welche Datenbanken Ihnen relevante Information zu Ihrem Thema zur Verfügung stellen,
- wirtschaftsnahe Wirtschaftportale kennen,
- einen Überblick über die einschlägige Fachpresse haben,
- wichtige Enzyklopädien, Lexika und Handwörterbücher kennen.

4. Wichtige Informationsquellen

4.1 Instrumente und Orte betriebswirtschaftlicher Informationsbeschaffung

Wirtschaftswissenschaftlich relevante Informationen umfassen ein großes Themenspektrum. Sie reichen von wissenschaftlicher Fachliteratur zu den verschiedensten betriebswirtschaftlichen Teilbereichen und den angrenzenden Nachbardisziplinen über Markt- und Firmeninformationen bis hin zu Branchen-, Länder und Personendaten. Veröffentlichtes Wissen zu diesen Bereichen ist auf unterschiedlichen Ebenen zu finden, von der Zeitungsmeldung bis zum Forschungsbericht, vom Wikipedia-Eintrag bis zum Online-Artikel in einem einschlägigen E-Journal.

Vor dem Hintergrund der Bedeutung qualitativ hochwertiger Literatur und Information für die Erstellung einer wissenschaftlichen Arbeit und den Anforderungen an diese (vgl. Kapitel 2 und 3) ist es besonders wichtig, bei der Informationsrecherche systematisch vorzugehen und die entwickelte Suchstrategie auf verschiedenen Wegen umzusetzen.

Dazu steht dem Bearbeiter eine Vielzahl von Informationsquellen zur Verfügung. Mit diesem zentralen Kapitel 4 wollen wir einerseits ein Bewusstsein für die Existenz dieser Vielfalt schaffen – *denn ja, es gibt* ***mehr*** *als Google und Wikipedia.* Andererseits wollen wir es dem Leser ermöglichen, über die detaillierte Struktur dieses Kapitels einen einfachen Zugang zu diesen Informationsquellen zu finden. Denn je besser man diese Quellen und ihre Besonderheiten kennt, desto treffender sind die Ergebnisse, die man bei einer Recherche erzielt.

Abb. 16: Viele Wege zur richtigen Information

Zunächst – und auch bewusst zu Beginn dieses Kapitels – wird das deutsche Bibliothekswesen und die aus wirtschaftswissenschaftlicher Sicht wichtigsten Bibliotheken und Bibliotheksverbünde, ihre Organisation und ihre Besonderheiten und Suchmöglichkeiten vorgestellt (Kapitel 4.2 Bibliotheken und Bibliotheksverbünde). Diese stellen nach wie vor die wichtigste Quelle wissenschaftlichen Arbeitens dar – nur wer sich in dieser Welt auskennt, wird schnell zu guten Ergebnissen gelangen.

Danach wird näher auf Recherchemöglichkeiten in der Welt des Buchhandels und der Verlage eingegangen (Kapitel 4.3), gefolgt von einem Überblick über die schier unerschöpflichen Informationsangebote der Öffentlichen Einrichtungen und Forschungsinstituten (Kapitel 4.4).

Suchmaschinen wie Google haben heute vielfach eine ‚Gatekeeperfunktion' für die Informationsrecherche. Ein kurzer Überblick über die verschiedenen Arten von Suchmaschinen sowie für wirtschaftswissenschaftliches Arbeiten wichtigsten Repräsentanten werden deshalb in Kapitel 4.5 vorgestellt.

Bibliographien und Datenbanken (Kapitel 4.6) sowie Wirtschaftsportale (Kapitel 4.7) ermöglichen es, ein- und weiterführende Informationen zu mehr oder weniger speziellen Themengebieten zu erhalten.

Die wirtschaftsorientierte und wirtschaftswissenschaftliche Fachpresse (Kapitel 4.8) bietet ebenfalls vielfältige Möglichkeiten der Recherche. Auch hier findet sich (fast) zu jedem Thema Literatur und Informationen, von allgemeinen bis zu sehr spezialisierten Zeitschriften, Zeitung und sonstigen Medienangeboten.

Enzyklopädien, Lexika und Handwörterbücher (Kapitel 4.9) können nicht nur zum Nachschlagen zwecks (besseren) Verständnisses, sondern auch zum Einstieg in eine wissenschaftliche Thematik genutzt werden.

Vor dem Hintergrund der zunehmenden Vernetzung der verschiedenen Quellen wie z. B. Bibliotheken und der sich ständig vergrößernden technischen Möglichkeiten des Suchens über Suchinterfaces kann die hier vorgestellte Systematisierung nicht in allen Teilen überschneidungsfrei sein, *aber manchmal führen eben auch mehrere Wege ans Ziel!*

4.2

Bibliotheken und Bibliotheksverbünde

Nach dem Lesen dieses Kapitels werden Sie

- eine Vorstellung von den Strukturen und Hierarchien haben, in die Bibliotheken in Deutschland eingebettet sind,
- wissen, welche Dienste diese Bibliotheken anbieten,
- wissen, wann Sie welche Bibliothek bzw. welchen Verbund von Bibliotheken in Anspruch nehmen können,
- wissen, wie Sie auf Informationen aus Bibliotheken zugreifen können.

4.2 Bibliotheken und Bibliotheksverbünde

4.2 Bibliotheken und Bibliotheksverbünde

Das (wissenschaftliche) Bibliothekswesen in Deutschland ist grundsätzlich hierarchisch und damit in mehreren Ebenen organisiert:

1. **Ebene: Die Deutsche Nationalbibliothek mit ihren drei Standorten:**
   - Deutsche Bücherei in Leipzig
   - Deutsche Bibliothek in Frankfurt/Main
   - Deutsches Musikarchiv in Berlin

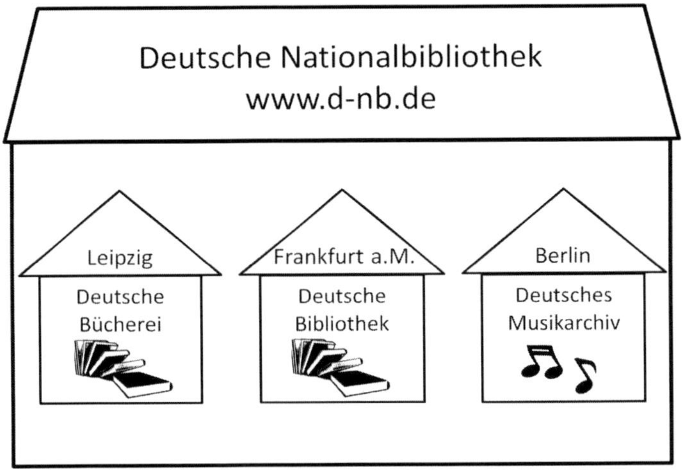

Abb. 17: Aufbau der Deutschen Nationalbibliothek

Die Deutsche Nationalbibliothek (DNB) ist die **zentrale Archivbibliothek und das nationalbibliographische Informationszentrum Deutschlands** mit den Standorten Frankfurt am Main, Leipzig und Berlin. Die Website der Deutschen Nationalbibliothek *www.d-nb.de* bietet die Möglichkeit, in den Beständen online zu suchen und das Gefundene an die Ortsausleihen der jeweiligen Standorte zu bestellen, zudem gibt es eine direkte Online-Verbindung zu *www.buchhandel.de*. Außerdem bietet die Deutsche Bibliothek eine Online-Informationsvermittlung an. Dabei führt das Team der DNB kostenpflichtig bibliographische Ermittlungen durch, beantwortet Sach- und Titelschutzanfragen und bietet sowohl einmalige, als auch laufende Literaturzusammenstellungen nach Benutzerprofilen an.

Abb. 18: Website der Deutschen Nationalbibliothek (www.d-nb.de, Stand 17.12.2010)

Seit In-Kraft-Treten des Gesetzes über die Deutsche Nationalbibliothek (DNBG) vom 22. Juni 2006 (BGBl. I S. 1338) hat diese darüber hinaus den Auftrag der Sammlung, Erschließung, Verzeichnung und Archivierung von ‚unkörperlichen'

Medienwerken, also ‚Netzpublikationen', erhalten. Die **Erweiterung des gesetzlichen Sammelauftrags** führte zu einer Neufassung der Pflichtablieferungsverordnung und der Sammelrichtlinien. So gehören zum Sammelgebiet ‚Netzpublikationen' alle Darstellungen in Schrift, Bild und Ton, die in öffentlichen Netzen zugänglich gemacht werden, also auch Internetseiten. Beispiele für Netzpublikationen sind elektronische Zeitschriften, E-Books, Hochschulprüfungsarbeiten, digitalisierte Musikdateien oder auch Websites. Zeitlich begrenzte Vorabveröffentlichungen, reine Software- oder Anwendungstools und auch Fernseh- und Hörfunkproduktionen werden nicht gesammelt. (Quelle: *www.d-nb.de*, Stand: Juli 2010; vgl. Schmieder 2006, S. 9).

2. **Ebene: Die Staats- und Landesbibliotheken der Bundesländer sowie die Universitäts- und Hochschulbibliotheken**
   Die Bestände der Bundesländer sind in den jeweiligen Zentralkatalogen verzeichnet. Als Leihverkehrszentralen für die jeweilige Leihverkehrsregion sind die Bibliotheken dieser Ebene für die Organisation des Leihverkehrs in diesem Gebiet zuständig.

3. **Ebene: Die Fachbereichsbibliotheken**
   Die wirtschaftswissenschaftlich interessanten Bibliotheken dieser Ebene werden zwar von den jeweiligen Fachbereichen bestückt und geleitet, sind aber organisatorisch in die jeweilige Struktur der übergeordneten Hochschule eingegliedert.

4. **Ebene: Die Lehrstuhl- bzw. Institutsbibliotheken**
   Hier sind v. a. die Bibliotheken wirtschaftswissenschaftlich renommierter Institute von Bedeutung. Die wichtigsten Vertreter mit interessanten Literaturbeständen werden in Kapitel 4.4 vorgestellt.

Auch **Stadtbibliotheken** großer deutscher Städte eignen sich als Ausgangspunkt für wissenschaftliche Recherchen. Sie sind mittlerweile auch auf den Online-Zug aufgesprungen und bieten mit *www.bibliothek-digital.de* den Service, elektronische Versionen von Zeitungen und Büchern zu lesen.

Basis der Suche in Bibliotheken sind die so genannten „Kataloge“, in denen Bibliotheken ihre Bestände verzeichnen – hier kann man gezielt nach verschiedenen Kriterien wie Autor, Titel, Erscheinungsjahr etc. suchen. Der klassische „Zettelkatalog“ wurde inzwischen weitgehend durch **Onlinekataloge**, so genannte „**OPACs**“ (Online Public Access Catalogue) abgelöst (vgl. Kapitel 3.2.12). Die Fähigkeit, mit Katalogen jedweder Form umzugehen, sollten in den ersten Studiensemestern erworben werden.

Auch in Hinblick auf ihr Dienstleistungsangebot sind die ‚ehrwürdigen’ Bibliotheken auf dem Weg in die Zukunft nicht mehr aufzuhalten – manche bieten einen 24-Stunden-Betrieb an, manche mittlerweile sogar mobile Endgeräte zwecks besserer E-Book-Lektüre (vgl. von Bebber 2010).

4.2.1 Bibliotheksverbünde in Deutschland

Inhaltlich sinnvoll ist die Suche und Ausleihe in mehreren Bibliotheksbeständen, deren Bestände in so genannten ‚**Zentralkataloge**n’ zugänglich gemacht wird. Zentralkataloge sind das Nachweisinstrument einer Leihverkehrsregion. Sie dienen zur Literaturermittlung und Durchführung des regionalen Leihverkehrs. Daher haben sich auch regional benachbarte oder inhaltlich zusammenpassende Bibliotheken zu Kooperationen, den so genannten „virtuellen“ **Bibliotheksverbünden**, zusammengeschlossen. Aufgabe und Ziel sind vor allem

- die Einführung und der Betrieb innovativer und abgestimmter Dienstleistungen,
- die Koordinierung von Hard- und Softwarekonzepten,
- die Vereinbarung gemeinsamer Standards für die Datenkommunikation,
- die gemeinsame Interessenvertretung gegenüber anderen Gremien und Institutionen sowie

- die Koordinierung der Anwendung bibliothekarischer Regeln und Standards für kooperative Katalogisierung, Bestandsnachweis, Leihverkehr und Datentausch.

Bibliotheksverbünde koordinieren die kooperative Katalogisierung und Fernleihe in ihrem Gebiet und bieten dem Suchenden nicht nur Zugriff auf eine Vielzahl von Werken, sondern auch ein Liefersystem, mit dessen Hilfe das gesuchte Medium schnell auf dem Schreibtisch des Suchenden eintreffen kann.

In Deutschland gibt es derzeit insgesamt sechs große regionale Bibliotheksverbünde:

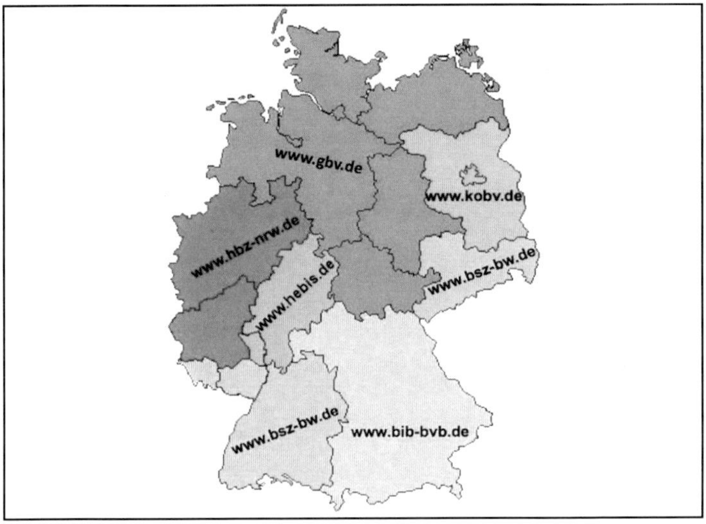

Abb. 19: Das Bibliotheksverbundsystem in Deutschland (Stand 08.08.2010)

- **Südwestdeutscher Bibliotheksverbund (SWB), früher Bibliotheksservice-Zentrum Baden-Württemberg (BSZ); auch Deutsche Internetbibliothek – *www.bsz-bw.de*:**

Das Bibliotheksservice-Zentrum Baden-Württemberg betreibt seit 1983 den Südwestverbund (SWB), der ca. 12 Millionen Titel und ca. 48 Millionen Bestandsnachweise von Büchern, Zeitschriften,

Aufsätzen und anderen Medien sowie einen steigenden Anteil von elektronischen Ressourcen aus über 1.200 angeschlossenen Bibliotheken, Museen und Archiven der Bundesländer Baden-Württemberg, Saarland, Sachsen und Rheinland-Pfalz im gemeinsamen Zentralkatalog enthält.

- **BibliotheksVerbund Bayern (BVB), auch Verbundportal Gateway Bayern – *www.bib-bvb.de*:**

Der Verbund- (oder Zentral-)katalog des BVB enthält über 16 Millionen Titeldaten mit Bestandsnachweisen der am BVB beteiligten wissenschaftlichen Bibliotheken. Er ist der regionale Zusammenschluss von über 100 Bibliotheken unterschiedlicher Größenordnungen und Fachorientierungen in Bayern. Zum Verbund gehören die Bayerische Staatsbibliothek, die Universitäts- und Fachhochschulbibliotheken, die regionalen staatlichen Bibliotheken sowie eine Vielzahl weiterer Bibliotheken in Bayern. Zudem bietet er zahlreiche Links zu Bibliothekskatalogen vieler ausländischer Bibliotheken (z. B. Russland, Schweiz, Polen usw.).

- **Hochschulbibliothekszentrum (HBZ) – *www.hbz-nrw.de*:**

Über das Hochschulbibliothekszentrum Nordrhein-Westfalen sind Bibliothekskataloge dieser Region und ein Teil der rheinland-pfälzischen Bibliotheken zu erreichen. Dieser Verbund betreut auch die **Digibib** (vgl. Kapitel 4.2.2), eine Oberfläche, über die einheitlich auch Bibliothekskataloge in aller Welt erreichbar sind.

- **Hessisches BibliotheksInformationsSystem (HeBIS) – *www.hebis.de*:**

Das Hessische Bibliotheksinformationssystem beinhaltet den Katalog der Leihverkehrsregion Hessen, zu der auch der nördliche Teil von Rheinland-Pfalz gehört.

- **Gemeinsamer Bibliotheksverbund (GBV) – *www.gbv.de*:**

Der Gemeinsame Bibliotheksverbund (GBV) ist der Bibliotheksverbund der Länder Bremen, Hamburg, Mecklenburg-Vorpommern, Niedersachsen, Sachsen-Anhalt, Schleswig-Holstein, Thüringen und der Stiftung Preußischer Kulturbesitz.

- **Kooperativer Bibliotheksverbund Berlin-Brandenburg (KOBV) – *www.kobv.de*:**

Der Kooperative Bibliotheksverbund Berlin-Brandenburg ist die gemeinsame Plattform aller Universitäts-, Hochschul- und Fachhochschulbibliotheken, aller öffentlichen Bibliotheken und zahlreicher Forschungs-, Spezial- und Behördenbibliotheken in Berlin und Brandenburg.

4.2.2 Internationale Bibliotheksverbünde

Neben den regionalen deutschen Bibliotheksverbünden gibt es auch solche, in denen sich fach- und nationenübergreifend Institutionen zur Kooperation zusammengeschlossen haben:

- **Karlsruher Virtuelle Katalog KVK – *www.ubka.uni-karlsruhe.de/kvk.html*:**

Der Karlsruher Virtuelle Katalog (KVK) ermöglicht eine Recherche in zahlreichen Bibliotheks- und Buchhandelskatalogen weltweit. Dazu gehören alle Bibliotheksverbünde Deutschlands, Österreichs, der Schweiz sowie die Nationalbibliotheken von Frankreich, Großbritannien, Italien, Niederlande, Norwegen, Schottland, Schweden, Spanien und USA sowie die Verzeichnisse des Buchhandels. Die eingegebenen Suchanfragen werden an mehrere Bibliothekskataloge gleichzeitig weitergereicht und die jeweiligen Trefferlisten angezeigt. Der KVK verfügt selbst über keine eigene Datenbank. Er ist von der Verfügbarkeit der Zielsysteme im Internet abhängig. Standardmäßig sucht das System in allen Katalogen, die der Suchende aktiviert hat. Von den Kurztitellisten führen die Links zu den Original-Volltitelanzeigen der einzelnen Systeme. Diese werden vom KVK nicht weiter aufbereitet.

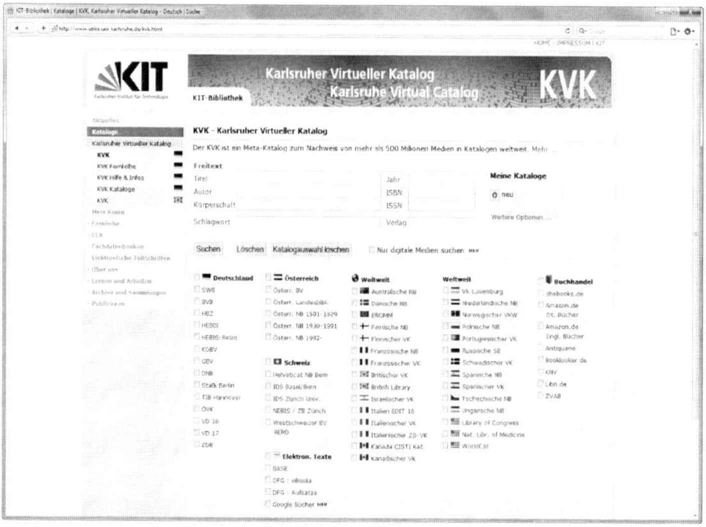

Abb. 20: Der Karlsruher Virtuelle Katalog (KVK) (www.ubka.uni-karlsruhe.de/kvk.html, Stand 18.12.2010)

- **The European Library** – ***www.theeuropeanlibrary.org*****:**

The European Library ist ein Serviceangebot der Nationalbibliotheken in 35 Sprachen, das seit 2005 betrieben wird. Sie bildet den organisatorischen Ausgangspunkt für den Aufbau einer europäischen digitalen Bibliothek (die so genannte ‚Europeana'). Aktuell ist hier ist die Suche in den Beständen von 48 kooperierenden europäischen Nationalbibliotheken möglich.

- **Digibib** – ***www.digibib.net*****:**

Digibib bietet eine Suchoberfläche für Bibliothekskataloge und Literaturdatenbanken aus aller Welt. Die Bestellung kann online, per Dokumentlieferung, in einer Bibliothek oder bei einem Online-Buchhändler erfolgen.

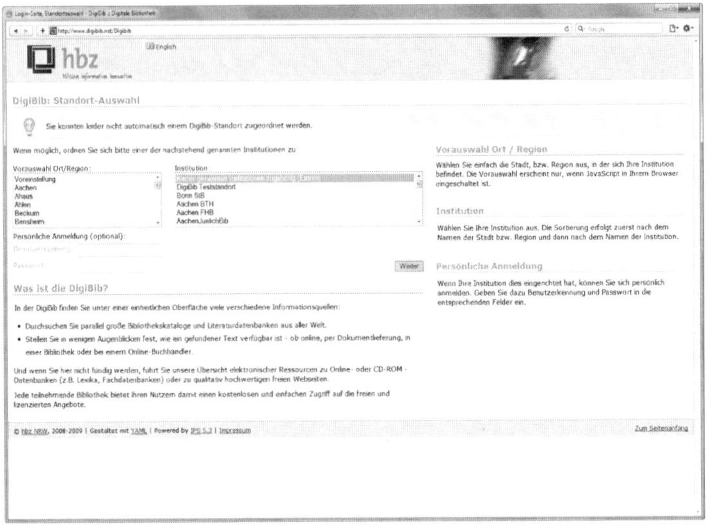

Abb. 21: Suchoberfläche Digibib (www.digibib.net , Stand 18.12.2010)

4.2.3 Spezialbibliotheken und -bibliotheksportale

Neben den Bibliotheken der verschiedenen Ebenen sowie den Verbünden gibt es aber auch noch eine Reihe von zentralen Fachbibliotheken, Sondersammelgebiets- und Spezialbibliotheken sowie virtuelle Fachbibliotheken, die darzustellen hier zu weit führen würde. Herausgehoben werden sollen aber die wirtschaftswissenschaftlichen Sondersammelgebietsbibliotheken der Universitäten Köln und Kiel. Diese zentralen Fachbibliotheken haben den Auftrag, alles zu den jeweiligen Spezialgebieten zu sammeln sowie die entsprechenden Fachzeitschriften auszuwerten und in den Katalogen nachzuweisen.

- **Zentralbibliothek für Betriebswirtschaft – *www.ub.uni-koeln.de* bzw. *www.wiso.uni-koeln.de*:**

Die Universitäts- und Stadtbibliothek Köln ist eine Sondersammlungsgebietsbibliothek und somit Zentralbibliothek für Betriebswirtschaft und Sozialwissenschaften in Deutschland. Über die Website der Universitäts- und Stadtbibliothek Köln kann man in den verschiedensten wirtschaftswissenschaftlichen Datenbeständen und Datenbanken suchen.

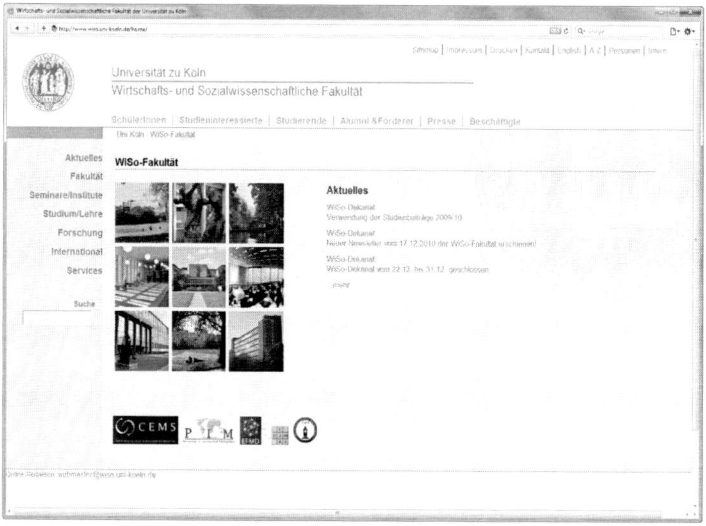

Abb. 22: Website der Wirtschafts- und Sozialwissenschaftlichen Fakultät in Köln (www.wiso.uni-koeln.de, Stand 18.12.2010)

- **Zentralbibliothek für Wirtschaftswissenschaften (ZBW) – *www.zbw-kiel.de* oder *www.zbw.eu*, Katalog: *www.econis.de***

Die Bibliothek des Instituts für Weltwirtschaft ist Sammelschwerpunktbibliothek (Zentralbibliothek) für Wirtschaftswissenschaften für die Bereiche Volkswirtschaft und Weltwirtschaft. Mit mittlerweile zwei Standorten in Kiel und Hamburg gilt sie mit über 4 Millionen gedruckten und elektronischen Publikationen und ca. 25.000 abonnierten Zeitschriften als eine der weltweit größten Wirtschaftsbibliotheken. Jährlich kommen etwa 90.000 neue Einträge hinzu. Der Online-Katalog der ZBW ist erreichbar unter www.econis.de. Dort finden sich neben der klassischen Katalogrecherche verschiedene interessante Dienste: ECONIS Select bietet ausgewählte Literaturlisten zu tagesaktuellen Wirtschaftsthemen, ‚ECONIS Select BWL' Literaturlisten zu betriebswirtschaftlichen Topthemen, ‚EconStor' ein digitales Archiv mit wirtschaftswissenschaftlichen Working Papers zum Download und unter ‚EconDesk' werden Fragen kostenfrei beantwortet.

Weitere Vertreter (Auswahl):

- **Bibliotheksportal Karlsruhe, früher Karlsruher Gesamtkatalog (KGK) –** ***www.bibliotheksportal-karlsruhe.de*:**

Das Bibliotheksportal Karlsruhe ist ein Dienst der Hochschulbibliothek Karlsruhe, über den die wissenschaftlichen und öffentlichen Bibliotheken Karlsruhes über 6 Millionen Bücher und andere Medien anbieten – auch aus den Beständen des Forschungszentrums oder der in Karlsruhe ansässigen Bundesgerichte.

- **EconBiz (Virtuelle Fachbibliothek Wirtschaftswissenschaften) –** ***www.econbiz.de:***

Die Deutsche Zentralbibliothek für Wirtschaftswissenschaften (ZBW) und die Zentralbibliothek für Betriebswirtschaft der Universitäts- und Stadtbibliothek Köln (USB Köln) betreiben gemeinsam die **Virtuelle Fachbibliothek Wirtschaftswissenschaften EconBiz.** Innerhalb des Gemeinschaftsprojekts betreut die USB Köln das Teilprojekt BWL und die ZBW das Teilprojekt VWL. Gefördert durch die Deutsche Forschungsgemeinschaft (DFG) und mithilfe von Kooperationspartnern wird das Portal für Wirtschaftswissenschaften kontinuierlich ausgebaut. Angeboten werden frei zugängliche Informationen aus Internetquellen, das Recherchieren in Online-Katalogen und Volltexten sowie der Zugriff auf Informationsdienstleistungen von Bibliotheken.

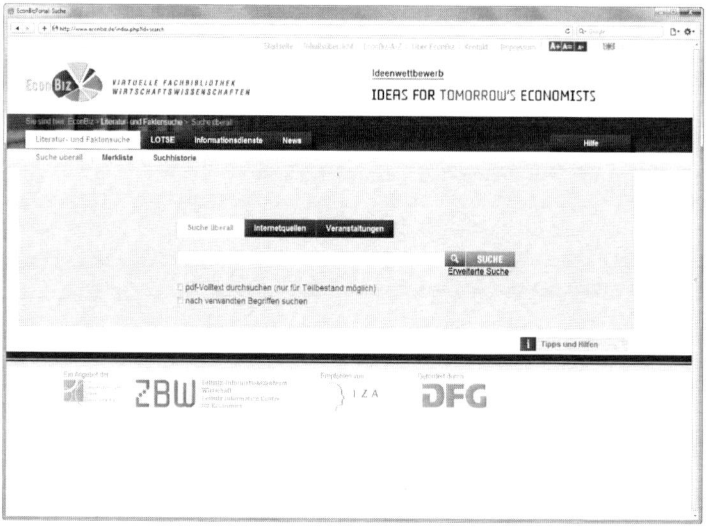

Abb. 23: Website der Virtuellen Fachbibliothek Wirtschaftswissenschaft (www.econbiz.de, Stand 18.12.2010)

- **Vascoda** – ***www.vascoda.de:***

Vascoda ist das Einstiegsportal in die Virtuellen Fachbibliotheken und Fachportale der wissenschaftlichen Bibliotheken in Deutschland, die sich im gleichnamigen Verein organisiert haben. An Vascoda sind weit über 40 wissenschaftliche Bibliotheken, wissenschaftliche Einrichtungen und Fachinformationsanbieter beteiligt: Alle Bibliotheken, die eine durch die Deutsche Forschungsgemeinschaft (DFG) geförderte Virtuelle Fachbibliothek betreiben (i. d. R. Sondersammelgebietsbibliotheken), sowie die zentralen Fachbibliotheken mit ihren Fachportalen. Beteiligt und mit ihren Angeboten eingebunden sind außerdem die Elektronische Zeitschriftenbibliothek (EZB, siehe Kapitel 4.8.4) und die Zeitschriftendatenbank (ZDB) sowie verschiedene Bibliotheksverbünde (vgl. Ziegler (2006)).

- **WEBIS** – ***http://webis.sub.uni-hamburg.de/:***

WEBIS (BibliotheksInformationsSystem) gibt einen Überblick über die Sammelschwerpunkte in der überregionalen Literaturversorgung bzgl. der Sondersammelgebietsbibliotheken, Zentralen

Fachbibliotheken und Spezialbibliotheken. WEBIS bietet eine Übersicht über alle am System der überregionalen Literaturversorgung beteiligten Bibliotheken. Das Informationssystem erschließt sich nach fachlichen und regionalen Gesichtspunkten sowie über eine Liste der beteiligten Bibliotheken.

Auch die folgenden Bibliotheken halten nützliche Informationen für Wirtschaftswissenschaftler bereit – genauere Angaben hierzu finden sich in Kapitel 4.4:

- die Bibliotheken des Deutschen Bundestages sowie
- die Bibliotheken der Länderparlamente und Ministerien,
- die Bibliotheken im Statistischen Bundesamt und den Statistischen Landesämtern sowie
- die Bibliotheken der IHKs, HWKs, der Landesgewerbeanstalten, Gerichte und Verbände.

4.2.4 Fernleihe und Dokumentenlieferdienste

Wenn die gewünschte Literatur in der Heimatbibliothek nicht vorhanden ist, und es auch keine Volltextausgabe online per Internet zum Download gibt, können die gesuchten Informationen – Aufsätze oder Bücher – über ‚fremde' Bibliotheken (z. B. die vorausgehend genannten) oder über (kommerzielle) Dokumentenlieferdienste ausgeliehen werden.

Online-Fernleihe
Die Bibliotheken in Deutschland sind über das Prinzip der Gegenseitigkeit per Fernleihsystem – offiziell „Deutscher Leihverkehr" genannt – miteinander vernetzt. Das heißt, jede Bibliothek nimmt gebend und/oder nehmend am Leihverkehr teil. Gegen Gebühr wird die angeforderte Literatur in der Regel an die ‚heimische' Bibliothek geliefert – der Besteller erhält eine Nachricht und kann die eingetroffene Literatur dann abholen. Die jeweiligen Konditionen und Ausleihfristen können variieren.

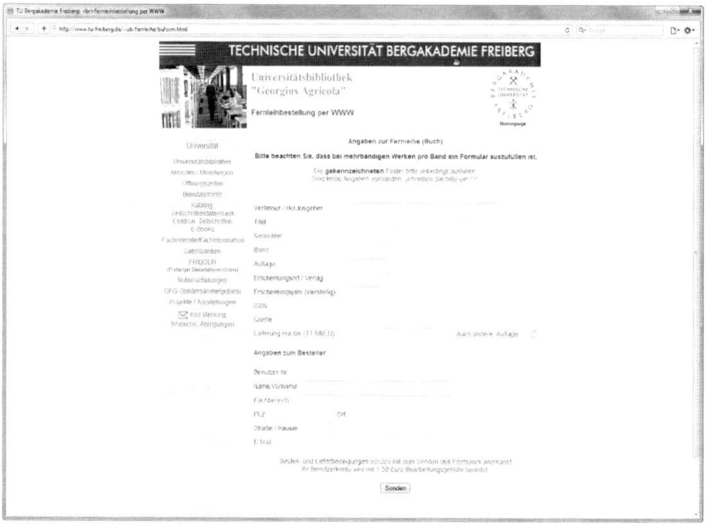

Abb. 24: Beispiel für ein Online-Fernleihe-Formular (Hochschulbibliothek Freiburg, http://www.tu-freiberg.de/~ub/fernleihe/buform.html, Stand 18.12.2010)

Dabei werden bestellte Aufsätze meist als Kopie, Bücher in Originalform oder auf Mikrofiche bereitgestellt. Falls das gesuchte Werk in deutschen Bibliotheken nicht gefunden wird, so kann der Suchende auch am internationalen Leihsystem teilnehmen. Auf der „Kurzstrecke“ stellen auch die jeweiligen virtuellen regionalen Bibliotheksverbünde (siehe Kapitel 4.2.1) ein effektives Fernleihsystem zur Verfügung.

In Ergänzung dazu informiert die folgende Übersicht **über weitere Lieferdienste** speziell für wirtschaftswissenschaftliche Informationssuchende:

- **Goportis –** ***www.goportis.de*****:**

Goportis ist ein gemeinsamer Service der drei deutschen Zentralen Fachbibliotheken Technische Informationsbibliothek Hannover (TIB), Deutsche Zentralbibliothek für Medizin (ZB MED) und Deutsche Zentralbibliothek für Wirtschaftswissenschaften (ZBW). Goportis bietet das komplette fachübergreifende Literaturangebot dieser Fachbibliotheken. Das Fächerspektrum umfasst die Bereiche Technik, Naturwissenschaften, Medizin, Ernährung, Umwelt, Agrarwissenschaften und Wirtschaft. Über 13 Millionen Titel (Bücher und Zeitschriften) sowie Aufsätze aus über 51.000 laufend gehaltenen Fachzeitschriften können in der Datenbank recherchiert und bestellt werden. Darüber hinaus sind in Goportis auch Spezialsammlungen wie Reporte, Patentdokumente, Konferenzberichten und Statistiken verfügbar.

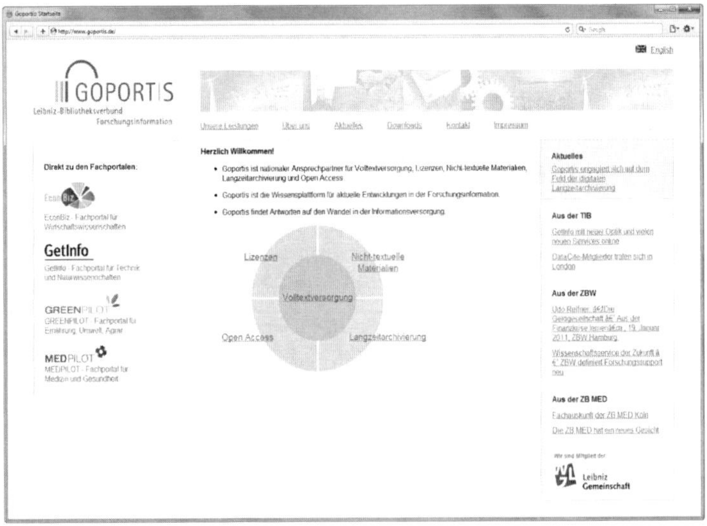

Abb. 25: Lieferdienst GoPortis (www.goportis.de, Stand 18.12.2010)

- **GetInfo** – ***www.getinfo-doc.info:***

GetInfo ist eine **Kooperation der deutschen Fachinformationszentren und der Technischen Informationsbibliothek Hannover** mit dem Ziel der umfassenden und qualifizierten Informationsversorgung für Technik und Naturwissenschaften. Der Service von

GetInfo ermöglicht die parallele Recherche in Literaturdatenbanken, Konferenz- und Forschungsberichten, Bibliothekskatalogen, elektronischen Volltexten und die Lieferung der Volltexte in gedruckter oder elektronischer Form. Nach der erfolgreichen Recherche erhält der registrierte Anwender in bestimmten Datenbanken die passenden Abstracts. Danach kann er gezielt die Dokumente bestellen. Die Lieferung erfolgt üblicherweise per E-Mail mit einer elektronischen Kopie der Veröffentlichung. Im so genannten ,Pay-per-view'-Verfahren besteht die Möglichkeit, sich direkt die elektronischen Volltexte der gewünschten Publikationen anzeigen zu lassen. Der Direktzugriff auf Abstracts und elektronische Versionen, die Lieferung von Kopien gedruckter Texte sowie die Anzeige vollständiger Literaturnachweise sind kostenpflichtige Dienstleistungen der einzelnen GetInfo-Partner.

- **LITexpress** – ***www.lit-express.de*:**

In der **Virtuellen Bibliothek Rheinland-Pfalz (VBRP)** schlossen sich im Jahr 2000 rheinland-pfälzische und 2006 auch saarländische Bibliotheken zusammen, die im Internet ihre Dienstleistungen als „VBRP-Express“ gemeinsam vorstellten und anboten. Unter dem Namen „LITexpress“ hat sich diese Initiative heute zum Dokumentenlieferdienst für rückgabepflichtige Bücher und audiovisuelle sowie digitale Medien (Kassetten, Videos, CD-ROMs) entwickelt. Er enthält derzeit ca. 10 Millionen Titel von knapp 160 öffentlichen und wissenschaftlichen Bibliotheken in Rheinland-Pfalz und Saarland. Darüber hinaus ist die Suche und Bestellung im Gesamtkatalog der Öffentlichen Bibliotheken, Schulmediatheken und Fachmediatheken der deutschsprachigen Gemeinschaft Belgiens zu gleichen Konditionen möglich.

- **INGENTA** – ***www.ingentaconnect.com*:**

Ingenta ist ein **Lieferdienst für Zeitschriftenartikel aus dem nordamerikanischen Raum**, also eine Fundstelle für englischsprachige wirtschaftswissenschaftliche Literatur.

Dokumentenlieferdienste

Eine Alternative zur klassischen Fernleihe bei den Bibliotheken oder ihren Verbünden selbst sind Bibliotheken unabhängige Dokumentenlieferdienste. Hier handelt es sich um Dienstleister, die auf bestimmte Bibliotheksbestände zugreifen und diese bereitstellen. Ihr Anliegen (und Geschäftsmodell) ist es, die gewünschte

Information schneller an den Suchenden zu liefern als bei der konventionellen Online-Fernleihe der öffentlichen Bibliotheken möglich – ihre Nutzung ist daher aber auch teurer als die der Fernleihe.

- **Subito – *www.subito-doc.de:***

Der bekannteste Dokumentenlieferdienst ist Subito, ein Verein wissenschaftlicher Bibliotheken aus Deutschland, der Schweiz und Österreich. Er stellt dem Besteller Kopien aus Aufsätzen (Zeitschriften, Sammelwerke, auch „subito-article-delivery-service" genannt) oder auch Bücher („subito-book-delivery-service") zur Verfügung. In beiden Fällen muss der gewünschte Titel als bestellbarer Bestand einer am Subito-System teilnehmenden Lieferbibliothek im Katalog nachgewiesen sein. Bücher werden an die Privatadresse oder die Vermittlerbibliothek geliefert, Aufsätze können auch – noch direkter – über Fax oder per E-Mail bereitgestellt werden.

Abb. 26: Dokumentenlieferdienst subito (www.subito-doc.de, Stand 18.12.2010)

Die Diskussion um das Urheberrecht in Deutschland führte dazu, dass Subito vom Verlagswesen verklagt wurde. In der Folge trat am 1. Januar 2008 das neue Urheberrecht in Kraft, das auch erhebliche Auswirkungen auf den Service von Subito (aber auch anderer Dokumentenlieferdienste) hatte. So durfte Subito beispielsweise aus urheberrechtlichen Gründen nach dem neuen Gesetz bei den elektronisch zugesandten Kopien nur eingescannte Kopien der Papierversion versenden, nicht jedoch digitale Kopien aus elektronisch zugänglichen Journalen. Außerdem konnte Subito direkt nach dem 1. Januar 2008 zunächst in Deutschland Dokumente grundsätzlich nur noch auf dem Post- und Faxwege liefern (vgl. Trautmann 2009, „Zurück in die Faxzeit"). Nach dem Abschluss von Verträgen mit den Urheberwahrern (VG Wort) konnte zum 01.04.2009 auch die elektronische Lieferung wieder aufgenommen und zwar für die Nutzer im fast gleichen Umfang wie vor dem Gesetzeserlass (vgl. *www.subito-doc.de/info,* Stand: 04.05.2010).

4.2.5 Google Books

Im Kapitel „Bibliotheken" kommt man nicht umhin, auf den Suchgiganten Google etwas näher einzugehen - denn Google hat sich nach eigenen Angaben zum Ziel gesetzt, „die Informationen dieser Welt zu organisieren und allgemein nutzbar und zugänglich zu machen (..) Der gewaltige Wissensschatz, der sich in den Büchern dieser Welt verbirgt (…) (soll) nun jederzeit zur Verfügung" stehen (Google 2010, *http://books.google.de/Über die Google-Buchsuche/Geschichte*, Stand 04.05.2010).

Laut Eigeninfo ist die Idee der Google-Buchsuche so alt wie Google selbst. D. h., seit 1996 arbeiteten die Mitgründer von Google Brin und Page an einem Forschungsprojekt, das vom Stanford Digital Library Technologies Project unterstützt wurde. Ihr Ziel war es, die **Idee einer weltweiten digitalen Bibliothek** zu verwirklichen. In den folgenden Jahren wurde an der Technik gefeilt und 2002 ging *Google.books.com* an den Start.

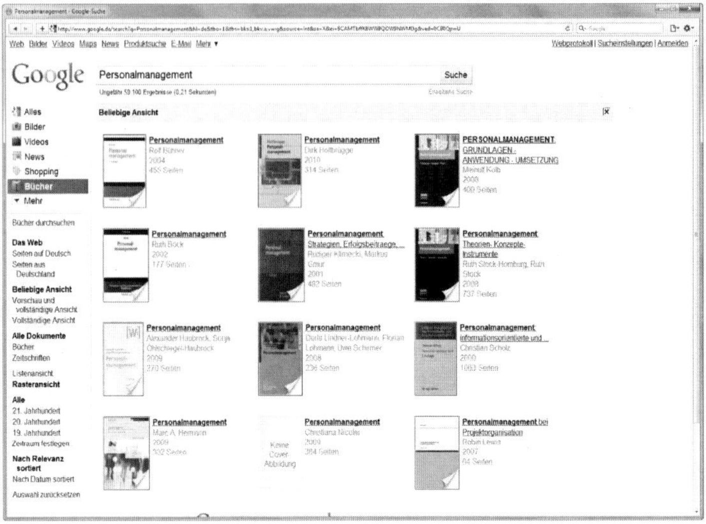

Abb. 27: Suche und Suchergebnisliste von Google Books (www.google.de/books, Stand 18.12.2010)

Google gewann zwischenzeitlich viele internationale Bibliotheken wie die der Universitäten Harvard, Oxford, Stanford und auch die Bayerische Staatsbibliothek als Partner, die ihre Bestände nun gemeinsam mit Google online nutzbar machen (vgl. Google 2010, *http://books.google.de/Über die Google-Buchsuche/Bibliotheks-partner*, Stand 04.05.2010). So entstanden auch für Bibliotheken und Universitäten neue Möglichkeiten, ihren Nutzern den Zugriff auf Millionen von Büchern außerhalb ihrer eigenen Bestände anzubieten. In der Folge reichten viele Verlage und Autoren weltweit eine Sammelklage ein. Googles Pläne mussten in der Folgezeit modifiziert und juristisch im Rahmen des so genannten „Google Settlements“. Durch diese Vereinbarung wurde ein unabhängiges, gemeinnütziges Book Rights Registry geschaffen, in dem Autoren, Verlage und andere Inhaber von Rechten vertreten sind.

Die Bücher der Google-Buchsuche stammen aus zwei Quellen:

- **Dem Bibliotheksprojekt:** Google ist eine Partnerschaft mit renommierten Bibliotheken auf der ganzen Welt eingegangen und hat deren Bestände in die Google-Buchsuche aufgenommen. Bei Bibliotheksprojekt-Büchern, die weiterhin urheberrechtlich geschützt sind, werden die Ergebnisse in einer Kartenkatalog-Ansicht angezeigt. Der Recherchierende sieht Informationen über das Buch und normalerweise einige Textauszüge mit dem Suchbegriff im Kontext. Bei Bibliotheksprojekt-Büchern, die nicht urheberrechtlich geschützt sind, kann der gesamte Text gelesen oder heruntergeladen werden.

- **Dem Partnerprogramm:** Darüber hinaus besteht eine Partnerschaft mit über 20.000 Verlagen und Autoren, deren Bücher über Google abgerufen werden können. Genau wie in einer Buchhandlung oder Bibliothek kann der Suchende einige Seiten dieser Bücher in einer Vorschau durchblättern. Zudem werden Links zu Bibliotheken und Buchhandlungen angezeigt, bei denen das Buch ausgeliehen oder gekauft werden kann. So kann auch auf vergriffene Bücher zugegriffen werden.

Sondervereinbarungen gibt es für den Zugriff über Bibliotheken und Universitäten.

So lobenswert der Nutzen für den Suchenden sicherlich ist, so vorsichtig muss man doch im Einzelfall mit den Ergebnissen umgehen. So hat Nunberg (University of California, Berkeley) auf die schlechte Qualität der Metadaten hingewiesen, die zu fehlerhafter Sortierung und Klassifizierung führe. Sie rührt offensichtlich daher, dass Google mit rein mathematischen Methoden arbeitet und die intellektuelle Kategorisierung ausschließt (Martin-Jung 2009, S. 16).

Googles umfassender Anspruch des Aufbaus einer digitalen „Weltbibliothek“ hatte zum einen zur Folge, dass sich die Politik verstärkt der Thematik annahm und z. B. in Deutschland 2009 die Gründung einer eigenen, nicht-kommerziellen **„Deutschen Digitalen Bibliothek (DDB)“** beschlossen wurde (Schneider 2010, S. 11; zum Pendantprojekt „Europeana/European Library“ vgl. Kapitel 4.2.2), zum anderen wurde verstärkt die Zukunft des wissenschaftlichen Publizierens öffentlich diskutiert. Das Open Access Publikationsmodell fordert den freien und kostenlosen Zugang zu wissenschaftlicher Literatur im Internet (vgl. *www.open-access.net*).

4.2.6 Zusammenfassung

Bibliotheken und Bibliotheksverbünde nehmen im Rahmen der Informationsrecherche für wissenschaftliche Arbeiten eine herausragende Stellung ein. Das Deutsche Bibliothekssystem ist hierarchisch aufgebaut: National-, Landes- und Hochschulbibliotheken, Fachbereichs- und Institutsbibliotheken bieten mithilfe von Katalogen off- und online vielfältige Möglichkeiten der Informationsrecherche. Insbesondere das Suchen und Ausleihen mithilfe von Katalogen in elektronischer Form, den „OPACs“, sowie Fernleihe und Dokumentenlieferdiensten hat in den letzten Jahren stark an Bedeutung gewonnen. Zusammenschlüsse mehrerer Bibliotheken nennt man Bibliotheksverbünde. Der Südwestdeutsche Bibliotheksverband beispielsweise ist ein Bündnis von 1200 Bibliotheken aus mehreren Bundesländern. Der Karlsruher Virtuelle Katalog vereinigt Bibliotheksverbünde aus vielen Ländern und ermöglicht weltweite Recherchen. Für wirtschaftswissenschaftliche Fragestellungen besonders interessant sind darüber hinaus fachspezifisch orientierte Spezialbibliotheken wie das Kölner Sondersammelgebiet für Betriebswirtschaft in Deutschland oder die Zentralbibliothek für Wirtschaftswissenschaften in Köln und Hamburg. Stark an Bedeutung hat in jüngster Zeit auch die nicht unumstrittene Suche mit Google Books gewonnen.

Weiterführende Literatur und Information

Brink (2007)
Corsten/Deppe (2008)
Deutsche Nationalbibliothek (DNB) (2010) – *www.d-nb.de*
Georg-August-Universität Göttingen (2010) – *www.open-access.de*
Kaumanns/Siegenheim (2009)
Niedermair (2010)

4.3
Buchhandel und Verlage

Nach dem Lesen dieses Kapitels werden Sie

- eine klare Vorstellung von den Off- und Onlineangeboten von Buchhandlungen und Verlagen haben,
- wissen, wie sich wirtschaftswissenschaftlich relevante Verlage einordnen lassen,
- wissen, was E-Books bieten und wie man sie beziehen kann,
- wissen, wo man nicht mehr lieferbare Bücher recherchieren und bestellen kann.

4.3 Buchhandel und Verlage

4.3 Buchhandel und Verlage

Die Buchhandels- und Verlagslandschaft unterlag in den letzten Jahren – nicht zuletzt wegen der veränderten Geschäftsbedingungen durch das Internet – gewaltigen Veränderungen. Es finden starke Konzentrationsprozesse statt, bei denen selbst so renommierte Buchhändler wie Barnes & Noble (USA) zum Verkauf stehen. In Deutschland heißt der größte Buchhändler mittlerweile Amazon mit ca. 12 % am Buchhandel, gefolgt von den drei Großen, die zusammen über 24 % Marktanteil verfügen: Thalia, der DBH Gruppe (u. a. Hugendubel) und der Mayerschen (vgl. Koch/Läsker/Kläsgen 2010, S. 15).

Die Online-(Verkaufs)Kataloge der (Internet-)Buchhandlungen sowie die der Verlage können sowohl zu Recherchezwecken als auch zu Bestell- bzw. Kaufzwecken genutzt werden. Sie sind eine gute Quelle für aktuelle Literatur (Print und E-Book). Da es sich um Produktkataloge gewerbetreibender Unternehmen und keine Verzeichnisse von Institutionen mit öffentlichem Auftrag handelt, finden sich in diesen Katalogen primär Referenzinformationen, also bibliographische Angaben zu Büchern, und keine Volltexte. Allerdings werden diese in jüngster Zeit verstärkt ergänzt um weitere Informationen: Dieses so genannte „Catalogue Enrichment“ zeigt sich z. B. in „Buchvorschauen“, mit deren Hilfe man sich ausgewählte Teile des gefundenen Buches ansehen kann wie etwa das Inhaltsverzeichnis, ausgewählte Seiten und Kapitel etc. All dies dient der fundierten und zielgerichteten Bewertung der gefundenen Literatur. Um beurteilen zu können, ob eine gefundene Referenz für die eigene Fragestellung relevant ist, kann man aber auch Rezensionen und Abstracts (vgl. Kapitel 3.2.10 und 3.2.11) zur Hilfe nehmen.

Der Recherchierende kann ein bibliographisch nachgewiesenes Buch neu oder gebraucht

- online bestellen und sich zuschicken lassen,
- online bestellen und in eine Buchhandlung in seiner Nähe zur Abholung senden lassen oder
- das Buch über den „Umweg“ der Zweitsuche in einem Fernleihekatalog „seiner“ Bibliothek zur Ausleihe bestellen (siehe Kapitel 4.2.4) – was in der Regel der kostengünstigste Weg ist.

Eine umfangreiche, aber unsortierte Übersicht über verschiedenste Internetbuchhandlungen und wissenschaftliche Verlage aus allen Fachgebieten bietet die folgende Website des Instituts für Chemie an der FU Berlin: *www.chemie.fu-berlin.de/outerspace/verlage.html.*

Der entscheidende Unterschied zwischen Buchhandel und Verlagen liegt darin, dass

- der Buchhandel Produkte **verschiedener** Verlage zum Verkauf anbietet,
- der Verlag ausschließlich seine **eigenen** Produkte anbietet.

4.3.1 Fachübergreifender Buchhandel

Im Folgenden werden aus der schier überbordenden und unüberschaubaren Menge an Buchhandlungen v. a. diejenigen vorgestellt, die auch online ihre Dienste anbieten. Aber natürlich kann auch jede Buchhandlung „um die Ecke“ auf der Basis gefundener Referenzinformationen Fachliteratur – meist von einem Tag auf den anderen – bestellen.

In Internetbuchhandlungen sind neben Büchern auch elektronische Medien (CDs, DVDs) etc. recherchierbar. Gelegentlich finden sich auch Bewertungen (Rezensionen) anderer Leser, die gegebenenfalls für den potenziellen Käufer hilfreich sein können. Zunehmend werden auch so genannte Communities angeboten, denen der Nutzer aktiv beitreten kann. Damit genehmigt er der Internetbuchhandlung z. B., seine Einkäufe zu veröffentlichen und andere Nutzer über seine Kaufkombinationen zu informieren. Dahinter steckt der Gedanke, dass Büchersucher, die sich für ein und dasselbe Buch interessieren, einen ähnlichen Geschmack haben und sich so gegenseitig, aber unbekannterweise, Tipps geben können. Auf vielen dieser Websites werden die entsprechenden Eingaben der Nutzer gespeichert, um auf diese zugeschnittene Kaufvorschläge zu unterbreiten.

Gute Internetbuchhandlungen verfügen über entsprechend differenzierte Suchinterfaces, mit denen die Suche („Profisuche“ bzw. „erweiterte Suche“) entsprechend verfeinert und zugeschnitten werden kann.

Wichtige Vertreter (Auswahl):

- **Buchhandel.de (Verzeichnis lieferbarer Bücher) –** ***www.buchhandel.de:***

Hinter dieser Adresse steht der **deutsche Bucheinzelhandel**. Die Online-Datenbank basiert auf dem Verzeichnis lieferbarer Bücher (VLB), in dem alle im deutschsprachigen Raum verfügbaren Titel (Bücher, Zeitschriften, Elektronische Medien) aufgeführt werden. Bestellen kann man entweder direkt oder man holt sie nach der Online-Bestellung bei einem der über 400 Partner-Buchhändler ab. Zusätzlich findet sich hier die Online-Ausgabe des Magazins „Buchjournal“, dem Kundenmagazin für den deutschsprachigen Buchhandel. Es wird vom Börsenverein des deutschen Buchhandels herausgegeben und enthält Rezensionen, Interviews und Bestenlisten.

Abb. 28: Website von buchhandel.de mit Suchfunktion (www.buchhandel.de, Stand 18.12.2010)

- **Buchkatalog.de – *www.buchkatalog.de*:**

Seit 1996 können Leser bei *www.buchkatalog.de* „online" Literatur in der gleichen Datenbank wie (Fach-)Buchhändler auswählen und bei einer Buchhandlung ihrer Wahl ordern – also selbst direkt beim **Buchgroßhändler** bestellen. *www.buchkatalog.de* verfügt dabei mit insgesamt 2,2 Millionen Titeln über die derzeit größte europäische Bücherdatenbank. Über viele Fach- und Themenbereiche veröffentlicht *www.buchkatalog.de* verantwortende marktführende Buchgroßhändler Koch, Neff & Volckmar regelmäßig Spezialkataloge und periodisch erscheinende Magazine. In den Katalogen sind die Titel zu einem bestimmten Gebiet nach Themen geordnet, mit einem Register versehen, zum Teil auch bebildert. *www.buchkatalog.de* bietet eine Profisuche, Links auf über 80 wirtschaftswissenschaftliche Fachzeitschriften und eine große Anzahl an E-Books (*www.e-buchkatalog.de*).

- **Amazon – *www.amazon.de*:**

Der Pionier des Internetbuchhandels zählt zwar immer noch zu den bekanntesten international agierenden Online-Buchhandlungen, ist aber heute mehr ein „Kaufhaus für alles" mit einem entsprechend breitem Angebot. Amazon ist zwar sehr bekannt, aber aus wissenschaftlicher Sicht nicht so relevant wie die vorgenannten Internetbuchhandlungen. Ein Grund: es gibt keine Profisuche, sprich keine ‚Erweiterte Suche' mit differenzierten Einschränkungsmöglichkeiten.

Weitere Vertreter (Auswahl):

- **Thalia Buchhandlung – *www.thalia.de***
- **Hugendubel Buchhandlung – *www.hugendubel.de***
- **Mayersche Buchhandlung – *www.mayersche.de***
- ***www.buch.de* bzw. *www.bol.de***
- ***www.buch24.de***
- ***www.buecherbote.de***
- ***www.deutschesfachbuch.de***
- ***www.eurobuch.com***
- ***www.jpc.de***
- ***www.lesen.de***
- ***www.libri.de***
- ***www.lob.de***
- ***www.sbz.ch***

Einige der aufgelisteten Anbieter verfügen zusätzlich zum Internetangebot über ein Filialsystem (z. B. *www.thalia.de* mit knapp 300 Filialen im deutschsprachigen Raum), manche sind reine Online-Angebote (z. B. *www.buch.de* oder *www.bol.de*).

Fremdsprachige Bücher, v. a. englische Fachbücher lassen sich – neben *www.amazon.com* – auch über viele der oben dargestellten Internetbuchhandlungen beziehen. Darüber hinaus können sie in der Regel direkt über die ausländischen Fachverlage (vgl. Kapitel 4.3.4), über entsprechende Internetbuchhandlungen anderer Länder (z. B. über die amerikanische Buchhandlungen Barnes & Nobles (*www.bn.com* oder *www.books.com*) oder aber auch über spezialisierte Internetbuchhandlungen wie *www.worldwide-books.de* gesucht und bezogen werden.

- **Worldwidebooks.de – *www.worldwidebooks.de*:**

Internetbuchhandlung, die durch Kooperationen mit internationalen Anbietern v. a. auch fremdsprachige Bücher anbietet.

4.3.2 Antiquarischer Buchhandel und Tauschplattformen

Manche Internetbuchhandlungen bieten ausschließlich gebrauchte Bücher, also keine Neuware, an. Dabei kann es sich einfach um gebrauchte Bücher handeln, die man auf diese Weise in gutem Zustand und zu günstigen Preisen erwerben kann. Aber auch wenn man ein Buch kaufen will, das es über den Neuwert-Buchhandel nicht mehr gibt, das also „vergriffen" ist, hilft eine Suche in antiquarischen Internetbuchhandlungen häufig weiter.

Wichtige Vertreter (Auswahl):

- **Zentrale Verzeichnis Antiquarischer Bücher (ZVAB) – *www.zvab.com*:**

Das Zentrale Verzeichnis Antiquarischer Bücher vernetzt Antiquariate und Endkunden miteinander und ist weltweit das größte Online-Antiquariat für deutschsprachige Titel. Über 4.000 professionelle Antiquare aus ca. 30 Ländern bieten hier rund 30 antiquarische oder vergriffene Bücher in vielen Sprachen.

- **Das Uni-Portal des ZVAB – *http://www.zvab.com/pages/unilisten.jsp:***

Mit uniZVAB bietet das ZVAB – Zentrales Verzeichnis Antiquarischer Bücher – einen speziellen Service für Studenten und Dozenten. Neben Literaturlisten für über 20 Studiengänge gibt es Services wie Broschüren mit Suchtipps oder Präsentationsvorlagen.

- **Abebooks.de – *www.abebooks.de*:**

Abebooks ist eine Plattform für den Verkauf antiquarischer Bücher. Private oder gewerbliche Interessenten und Verkäufer finden sich über diese Plattform und können hier den Handel untereinander abwickeln.

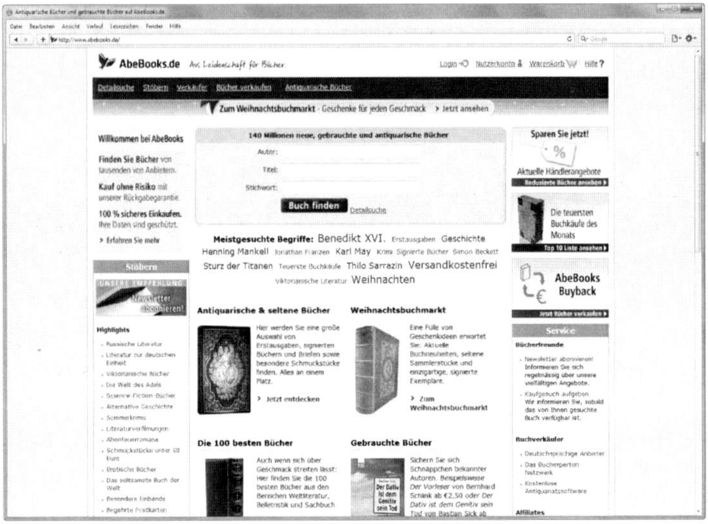

Abb. 29: Antiquarische Internetbuchhandlung Abebooks (www.abebooks.de, Stand 18.12.2010)

Weiterer Vertreter:

- **Antiquario – *www.antiquario.de***

4.3.3 Wissenschaftliche Verlage

Große Verlage bieten über ihre Website ihre Produkte in der Regel ebenfalls online und direkt zum Verkauf an – hier finden sich also je nach Verlagsprogramm nicht nur Bücher, sondern auch Fachzeitschriften, elektronische News oder sonstige Informationsarten.

Neben den gesamtwissenschaftlich orientierten Verlagshäusern gibt es noch spezialisierte Verlage, die sich v. a. auf wissenschaftliche Fachinformation aus bestimmten Bereichen konzentrieren (vgl. Kapitel 4.3.4 Wirtschaftsfachverlage).

Wichtige Vertreter (Auswahl):

- **Bertelsmann Verlag** – ***www.wbv.de:***

Der W. Bertelsmann Verlag (wbv) blickt auf eine über 140-jährige Firmengeschichte zurück. 1864 von Wilhelm Bertelsmann in Bielefeld als Buch- und Steindruckerei gegründet, entwickelte sich der Verlag zunächst zum Zeitungs-, später zum Fachverlag und Mediendienstleister.

- **De Gruyter Verlag** – ***www.degruyter.de:***

Der Traditionsverlag De Gruyter publiziert Standardwerke für alle Bereiche, ist allerdings kein originärer Wirtschaftsverlag. Auch E-Books und E-Journals gehören zum aktuellen Verlagsprogramm.

- **Duncker & Humblot Verlag** – ***www.duncker-humblot.de:***

Im Verlag Duncker & Humblot erscheinen wissenschaftliche Monographien bzw. Sammelbände in verschiedenen Schriftenreihen sowie über 15 wissenschaftliche Zeitschriften und Jahrbücher.

- **Kohlhammer Verlag** – ***www.kohlhammer.de:***

Die W. Kohlhammer GmbH zählt zu den größten wissenschaftlichen Verlagsunternehmen in Deutschland. Fachbereiche sind: Recht und Verwaltung, Wirtschafts- und Sozialwissenschaften, Psychologie u. a.

- **Oldenbourg Wissenschaftsverlag** – ***www.oldenbourg.de:***

Im Oldenbourg Wissenschaftsverlag finden sich Zeitschriften, Lehr- und Fachbücher zu den Themen Wirtschafts- und Sozialwissenschaften, Steuern, Recht, Mathematik, Informatik, Naturwissenschaften, Technik und Geisteswissenschaften.

- **Pearsons Education Deutschland GmbH** – ***www.pearsons-studium.de:***

Pearson Education Deutschland GmbH ist eine Tochter der englischen Pearson PLC, der global agierenden Mediengruppe mit den drei Geschäftsbereichen: Pearson Education, Penguin Group und der Financial Times Group. Inhalt des Verlagsprogramms von Pearsons sind ausschließlich Bücher, die aktuelle wissenschaftliche Lehrinhalte durch eine Vielzahl praktischer Beispiele, Fallstudien und Übungen veranschaulichen.

- **Springer Science and Business Media Verlag –** ***www.springer.de*** **(auch** ***www.springerlink.de)*****:**

Der Springer Science and Business Media Verlag ist einer der bekanntesten Wissenschaftsverlage in Deutschland. Stark nachgefragt gerade im wirtschaftswissenschaftlichen Bereich ist auch das Angebot *www.springerlink.de*, eine Volltextdatenbank für Zeitschriften und Bücher, die vom Springer Verlag publiziert werden. Hier werden über 1.250 Journals und 10.000 Bücher online und im Volltext angeboten (vgl. Kapitel 4.7.3).

- **UTB GmbH –** ***www.utb.de:***

Die UTB GmbH ist eine Arbeitsgemeinschaft von 16 Verlagen, die gemeinsam unter der Marke UTB Bücher publizieren, die auf das Studium abgestimmt sind. Hier gibt es Bücher aus ca. 30 Fachrichtungen.

- **Arbeitsgemeinschaft und Internetportal der Universitätsverlage –** ***www.ag-univerlage.de*** **sowie** ***www.ubka.uni-karlsruhe.de/portale/ag_univerlage/*****:**

Die in dieser Arbeitsgemeinschaft zusammengeschlossenen Universitätsverlage verlegen vorrangig wissenschaftliche Publikationen der eigenen Einrichtungen. Neben Printprodukten publizieren sie auch Online-Ausgaben ihrer Veröffentlichungen und unterstützen so das Prinzip des „Open Access", also des freien, öffentlichen und kostenlosen Zugangs zu wissenschaftlicher Information (vgl. Kapitel 4.2.5).

Abb. 30: Internetportal der Arbeitsgemeinschaft der Universitätsverlage (www.ag-univerlage.de sowie www.ubka.uni-karlsruhe.de/portale/ag_univerlage, Stand 18.12.2010)

- **MIT (Massachusetts Institute of Technology) Press (USA) – *http://mitpress.mit.edu/main/home/default.asp:***

MIT Press ist einer der großen Universitätsverlage aus den USA, dessen Repertoire auf Wissenschaft und Technologie basiert. Schwerpunkte: Architektur, Sozialtheorie, Wirtschaft, Kognitionswissenschaft, Neue Technologien, Design.

4.3.4 Wirtschaftsfachverlage

Die Websites von Wirtschaftsfachverlagen bieten in der Regel eine nach wirtschaftswissenschaftlichen Fachgebieten strukturierte Aufbereitung der Information, E-Books, Informationen zu Autoren, Newsletter, spezielle Dienste für Dozenten, Autoren, Wissenschaftler, Blogs, einschlägige Links und teilweise auch Datenbanken. In den angeschlossenen Shops können die Bücher direkt beim Verlag bestellt werden.

Wichtige Vertreter (Auswahl):

- **Gabler Verlag –** ***www.gabler.de*****:**

Der 1929 gegründete Gabler Verlag war lange einer der führenden deutschen Wirtschaftsfachverlage, heute ist er eine Marke von Springer Fachmedien. Das Gabler Wirtschaftslexikon, inzwischen in der 16. Auflage, ist ein Klassiker der Wirtschaftsliteratur und seit einiger Zeit auch online verfügbar (vgl. auch Kapitel 4.9). Wichtige Zeitschriften des Gabler Verlages sind u. a. „Management International Review“ (mir), „Wirtschaftsinformatik & Management, Zeitschrift für Management“ oder „Zeitschrift für Betriebswirtschaft“ (ZfB) (vgl. auch Kapitel 4.5).

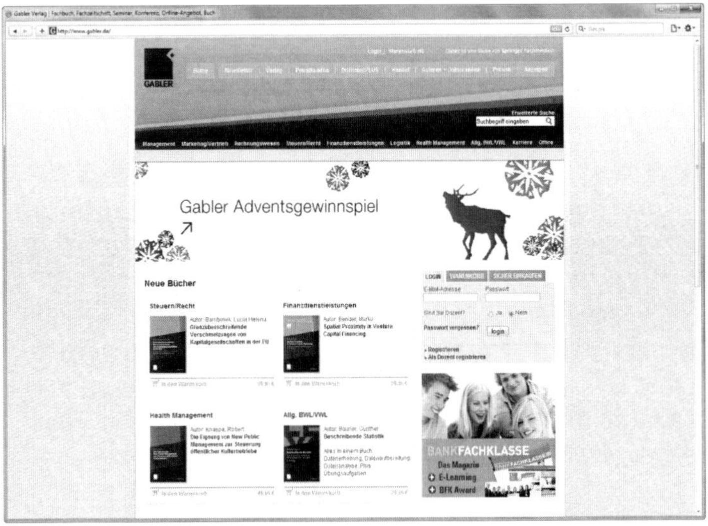

Abb. 31: Website des Gabler Verlags (www.gabler.de, Stand 18.12.2010)

- **Haufe Verlagsgruppe –** ***www.haufe.de*****:**

Die Haufe Verlagsgruppe bietet u. a. Online-Produkte und Fachmedien zu Steuern, Personal, Finanz- und Rechnungswesen, Recht, Immobilien etc.

- **Hanser** – ***www.hanser.de***:

Der familiengeführte Hanser Fachverlag repräsentiert ein breites Produktspektrum und konzentriert sich doch zugleich auf klar definierte Zielgruppen: Ingenieure und Techniker in Ausbildung und im Beruf mit Tätigkeitsschwerpunkten in Metall- und Kunststoffverarbeitung, Elektrotechnik/Elektronik und Informatik, Wirtschaft und Management. Er bietet auch zahlreiche Fachzeitschriften an (siehe Kapitel 4.5).

- **Pearsons Verlag** – ***www.pearsons-studium.de:***

Unter dem Namen „Pearson Studium“ bietet dieser Verlag ein englisch- und deutschsprachige Lehrbuchprogramm. Veröffentlicht werden v. a. Bücher, die wissenschaftliche Lehrinhalte durch Fallstudien, Beispielen und Übungen veranschaulichen. Der Verlag arbeitet v. a. mit Hochschul-Dozenten als Autoren zusammen.

- **Schäffer Poeschel** – ***www.schaeffer-poeschel.de***:

Der Schäffer Poeschel Verlag entstand 1992 durch die Fusion des Carl Ernst Poeschel Verlags und des Schäffer Verlags für Wirtschaft und Steuern. Er ist ein Tochterunternehmen der Verlagsgruppe Handelsblatt. Das Verlagsprogramm deckt das gesamte Spektrum wirtschaftswissenschaftlicher und steuerrechtlicher Themen ab. Dazu kommen die renommierten Fachzeitschriften „Führung + Organisation (zfo)“ und „Die Betriebswirtschaft (DBW)“.

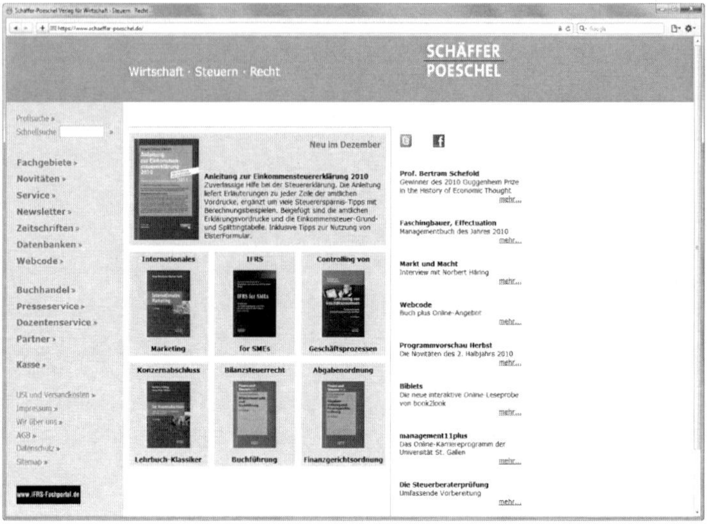

Abb. 32: Website des Schäffer Poeschel Verlags (www.schaeffer-poeschel.de, Stand 18.12.2010)

- **Verlag Recht und Wirtschaft –** ***www.ruw.de*****:**

Der Verlag Recht und Wirtschaft legt seinen Schwerpunkt auf das Zeitschriftenprogramm, das sich vor allem an Unternehmen und die beratenden Berufe wendet. Alle Periodika, allen voran die Zeitschrift „Der Betriebs-Berater", sind als besonders qualifizierte Informationsmedien bekannt.

- **Verlag Vahlen –** ***www.vahlen.de:***

Der Vahlen Verlag ist v. a. bekannt durch den „Wöhe", ein Lehrbuch, das 1960 erstmals erschienen ist und in der aktuellen 23. Auflage noch immer das Standardwerk für Studierende der Betriebswirtschaftslehre darstellt. Der Vahlen Verlag bietet vielfältige wirtschaftswissenschaftliche Literatur, viele Werke mit Lehrbuchcharakter und vieles davon auch als E-Books.

4.3.5 E-Books

Bei E-Books (engl. Electronic Book) handelt es sich um Bücher in digitaler Form, die in der Regel identisch mit den gedruckten Buchausgaben sind und zumeist im pdf-Format angeboten werden. Der Recherchierende kann sie gebührenpflichtig von den Anbieter-Websites downloaden. E-Books kann man auf dem PC oder mit speziellen Lesegeräten lesen. Die Auswahl an E-Books wächst ständig. So waren bereits auf der Frankfurter Buchmesse 2007 30 % aller Fachbücher als E-Books erhältlich. Verlage wie de Gruyter oder Springer bieten inzwischen alle Neuerscheinungen prinzipiell in beiden Formaten an.

E-Books können seit einiger Zeit auch auf eigenen digitalen Lesegeräten, so genannten Readern (z. B. Amazons Kindle, Libris Acer Lumirea, Thalias Oyo - der Markt ist hier naturgemäß stark in Bewegung) oder Smartphones gelesen werden. Der 2010 eingeführte iPad von Apple wird wohl trotz einiger Kinderkrankheiten auf diesem Markt neue Maßstäbe setzen. Noch ist der Boom in den USA wesentlich stärker als in Deutschland (vgl. Bernau 2010a).

Einige wenige Anbieter haben ausschließlich E-Books in ihrem Verlagsprogramm:

- **Ciando – *www.ciando.de:***

Einer der bekanntesten Anbieter ist Ciando – hier gibt es E-Books nach Kategorien geordnet. Im Bereich „Wirtschaft“ können hier z. B. Nachschlagewerke oder Dissertationen recherchiert und als E-Book erworben werden.

Abb. 33: Website des E-Book-Anbieters ciando (www.ciando.de, Stand 18.12.2010)

- **Libreka – *www.libreka.de*:**

Libreka ist auch über *www.buchhandel.de* (eine Initiative des deutschen Bucheinzelhandels) ansprechbar und gehört zu den großen E-Book-Plattformen im deutschsprachigen Raum.

Weitere reine E-Book-Anbieter (Auswahl):

- **Beam – *www.beam-ebooks.de***
- **Booklocker – *www.booklocker.com***
- **eBooks.com – the digital bookstore: *www.ebooks.com***
- **World Scientific E-Books – *www.ebooks.worldscinet.com***

Für Hochschulangehörige sind E-Books häufig kostenfrei über so genannte „Campus-Lizenzen“ erhältlich. Die Titel können vom gesamten Campus aus abgerufen werden, über VPN-Zugang o. ä. auch bequem vom eigenen PC zu Hause.

Die Angebote der Hochschulen rekrutieren sich dabei zum einen aus den Angeboten der Verlage oder anderen Bibliotheken, zum anderen aus Projekten. Unter letzteren ist v. a. E-Books on Demand (EOD, *www.books2ebooks.eu*) zu nennen, ein Service, über den Millionen von Büchern in elektronischer Form erhältlich sind.

Abb. 34: Website E-Books on Demand (www.books2ebooks.eu, Stand 18.12.2010)

Das entsprechende Projekt ist von der EU gefördert und wird von 13 europäischen Bibliotheken aus acht Ländern realisiert. Die Nutzer können so E-Books über die ihnen vertrauten Bibliothekskataloge bestellen. Die Bibliotheken digitalisieren die gewünschten Werke und stellen sie dem Nutzer über das EOD-Netzwerk zur Verfügung.

4.3.6 Zusammenfassung

Buchhandel und Fachverlage bieten vielfältige Möglichkeiten für die wissenschaftliche Informationsrecherche. V. a. die sich ständig weiter entwickelnden Online-Angebote ermöglichen schnellen Zugriff auf einschlägige und relevante betriebswirtschaftliche Fachinformation. Darüber hinaus können die recherchierten Bücher schnell auf verschiedenen Wegen zum Nutzer gelangen.

Buchhandel.de und Buchkatalog.de sind wichtige deutschsprachige Vertreter. Vergriffene und antiquarische Titel lassen sich u. a. über ZVAB.de finden. Wer sich mit Verlagen auskennt, kann Bücher und Zeitschriften direkt auf den Seiten der Verlage suchen. Wichtige Vertreter sind hier u. a. Springerlink.de (Springer Verlag), der Gabler Verlag und der Verlag Schäffer Poeschel. Sowohl über den Buchhandel wie auch über die Verlage direkt können in zunehmenden Maße E-Books bezogen werden. Bei der Nutzung der Angebote der Hochschulen sind viele E-Book-Angebote kostenfrei.

Weiterführende Literatur und Information

Bernau (2010a)
Brink (2007)
Corsten/Deppe (2008)

4.4 *Öffentliche Einrichtungen und Forschungsinstitute*

Nach dem Lesen dieses Kapitels werden Sie

- einen Überblick über national und international agierende öffentliche Einrichtungen und Institute haben,
- die Unterschiede zwischen den verschiedenen Verbänden, Kammern, Vereinen, Instituten im Wirtschaftssektor klarer sehen,
- wissen, welche öffentlichen Einrichtungen und Forschungsinstitute für die wirtschaftswissenschaftliche Informationsrecherche von Interesse sein können.

4.4 Öffentliche Einrichtungen und Forschungsinstitute

4.4 Öffentliche Einrichtungen und Forschungsinstitute

Öffentliche Organisationen aller Art sind eine schier unerschöpfliche Informationsquelle für Wirtschaftswissenschaftler: In der Regel findet man hier Informationsdienste, Abteilungs- und Institutsbibliotheken, Datenbanken, aber auch persönliche Ansprechpartner, von denen man fachlich fundierte, aktuelle Antworten auf konkrete Fragen erhält.

Allerdings haben **Ministerien, Kammern, Verbände, Ämter und Behörden, Gewerkschaften, Forschungsinstitute** jeweils ‚ihren' politischen oder privatwirtschaftlichen Ursprung und beleuchten die Welt daher immer auch in ‚ihrem' Licht.

Unter den Ministerien und den Forschungsinstituten werden im Folgenden v. a. die angesprochen, die für wirtschaftswissenschaftliche Fragestellungen im engeren Sinne interessant sind.

Gemeinsame Aufgabe all dieser öffentlichen Organisationen ist es einerseits, auf ihren Gebieten praktisch oder forschend zu arbeiten, Projekte zu realisieren, Gesetze vorzubereiten und/oder umzusetzen oder Interessen zu vertreten, vor allem aber auch, ihre Aktionen und deren Ergebnisse der Öffentlichkeit zur Verfügung zu stellen.

4.4.1 Ministerien

Alle Bundes- und Landesministerien stellen grundsätzlich wichtige Informationen bereit. Eine Übersicht über alle Bundesministerien findet sich immer aktuell auf der Website der Bundesregierung *www.bundesregierung.de*.

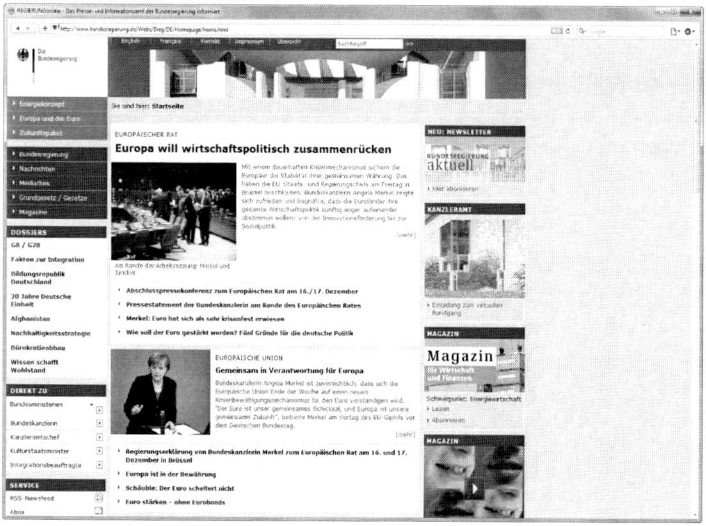

Abb. 35: Website der Bundesregierung (www.bundesregierung.de, Stand 18.12.2010)

Die Informationen zu den Ministerien der einzelnen Bundesländer und noch viele mehr finden sich auf den regionalen Portalen, also:

www.berlin.de
www.bremen.de
www.hamburg.de
www.bayern.de
www.baden-wuerttemberg.de
www.brandenburg.de
www.hessen.de
www.mecklenburg-vorpommern.de
www.niedersachsen.de

www.nordrhein-westfalen.de
www.rheinland-pfalz.de
www.saarland.de
www.sachsen.de
www.sachsen-anhalt.de
www.schleswig-holstein.de
www.thueringen.de

Speziell für wirtschaftswissenschaftliche Fragestellungen relevant sind die folgenden **Bundesministerien** (und ihre Ländervertreter, deren Zugänge man jeweils über die Bundesländerportale findet):

- **Bundesministerium für Wirtschaft und Technologie (BMWI) – *www.bmwi.de***
- **Bundesministerium der Finanzen (BMF) – *www.bundesfinanzministerium.de***
- **Bundesministerium für Ernährung, Landwirtschaft und Verbraucherschutz (BMELV) – *www.bmelv.de***
- **Bundesministerium für wirtschaftliche Zusammenarbeit und Entwicklung (BMZ) – *www.bmz.de***
- **Auswärtiges Amt (AA) – *www.auswaertiges-amt.de***
- **Bundesministerium für Bildung und Forschung (BMBF) – *www.bmbf.de***
- **Bundesministerium für Verkehr, Bau und Stadtentwicklung (BMVBS)** – *www.bmvbs.de*
- **Bundesministerium für Justiz (BMJ)** – *www.bmj-bund.de*

Auf der Website des Bundesministeriums für Justiz finden sich ein Verzeichnis über alle Gerichte in Deutschland (eine PDF-Datei im Umfang von rund 200 Seiten) sowie das gesamte aktuelle Bundesrecht (Link zur Website *www.gesetze-im-internet.de* sowie unter *http://deutschegesetze.spiegel.de*).

4.4.2 Kammern

Berufsgruppen schließen sich in so genannten „Kammern" zusammen, um gemeinsam ihre Rechte und Interessen gegenüber der Politik zu vertreten, sich untereinander zu informieren und ihre

Angebote einem breiteren Publikum anzubieten. Mit der Gewerbeanmeldung tritt z. B. ein Selbstständiger in der Regel automatisch in ‚seine' jeweilige Kammer ein, d. h. als Dienstleister im weitesten Sinne in die IHK oder als Handwerker in die HWK:

- **Deutscher Industrie- und Handelskammertag – *www.diht.de*:**

Der Deutsche Industrie- und Handelskammertag (DIHT) ist die **Dachorganisation der 80 deutschen Industrie- und Handelskammern (IHKs)**. Der DIHT hat seinen Sitz in Berlin, in den Regionen gibt es jeweils lokal agierende IHKs. Der DIHT übernimmt die Interessenvertretung der deutschen Wirtschaft gegenüber den Entscheidern der Bundespolitik und den europäischen Institutionen.

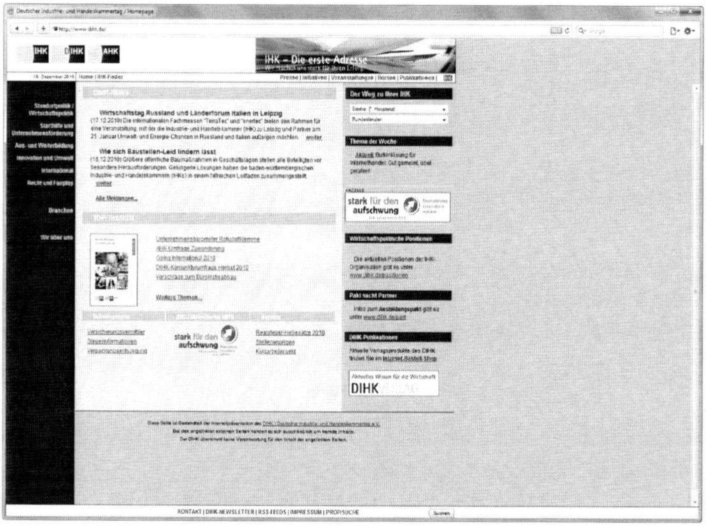

Abb. 36: Website des Deutschen Industrie- und Handelskammertags (www.diht.de, Stand 18.12.2010)

Auf der Website des DIHT finden sich Umfrageergebnisse, Trendreports aus der deutschen Wirtschaft (wirtschaftliche Lage, Aus- und Weiterbildung etc.), Informationen zu Messen, Veranstaltungen, Initiativen, relevante Fragen des Wirtschaftsrechts, Standortpolitik, Unternehmensfragen. Über die angegebenen Ansprechpartner ist eine Kontaktaufnahme zur Beantwortung von Fragen jederzeit möglich.

- **Zentralverband des Deutschen Handwerks – *www.zdh.de*:**
Im Zentralverband des Deutschen Handwerks e. V. (ZDH) sind die 53 Handwerkskammern, 36 Zentralfachverbände des Handwerks sowie bedeutende wirtschaftliche und wissenschaftliche Einrichtungen des Handwerks in Deutschland zusammengeschlossen. Er vertritt die Gesamtinteressen des Handwerks gegenüber Bundestag, Bundesregierung und anderen zentralen Behörden, der Europäischen Union (EU) und internationalen Organisationen.

- **Handwerkskammer/n – *www.handwerkskammer.de* bzw. *www.hwk.de:***
Die Handwerkskammern der Länder nehmen die Interessen ihrer Mitglieder (ca. 900.000 Handwerksbetriebe) wahr. Alle an der Initiative beteiligten Handwerkskammern bieten auf der Website *www.hwk.de* gebündelt Informationen und Servicedienste an.

Regionale Ansprechpartner

Die **Industrie- und Handelskammern, kurz IHKs**, vertreten als eigenverantwortliche öffentlich-rechtliche Körperschaften der wirtschaftlichen Selbstverwaltung das Interesse der ihnen zugehörigen Unternehmen gegenüber Kommunen, Landesregierungen sowie Politik und Öffentlichkeit. So gibt es in allen größeren deutschen Städten eine eigene Industrie- und Handelskammer. In den folgenden Bundesländern haben sich die jeweiligen IHKs in Verbünden organisiert und bieten einen gemeinsamen Internetauftritt an.

Einige Vertreter für IHK-Verbünde (Auswahl):
- **IHKs Baden-Württemberg** – ***www.bw.ihk.de***
- **IHKs Berlin** – ***www.berlin.ihk24.de***
- **IHKs Hamburg** – ***www.hk24.de***
- **IHKs Hessen** – ***www.ihk-hessen.de***
- **IHKs Niedersachsen** – ***www.n-ihk.de***
- **IHKs Nordrhein-Westfalen** – ***www.ihk-nrw.de***
- **IHKs Rheinland-Pfalz** – ***www.ihk-arbeitsgemeinschaft-rlp.de***

In allen anderen Bundesländern sind die einzelnen IHKs auch einzeln erreichbar, die jeweiligen Websites findet man am einfachsten über *www.diht.de.*

Weitere Vertreter spezialisierter Kammern mit Wirtschaftsbezug (Auswahl):
- **Wirtschaftsprüferkammer** – ***www.wpk.de***
- **Bundesrechtsanwaltskammer** – ***www.brak.de***

Folgende Kammern, Vereine und Unternehmensnetzwerke bieten wirtschaftsrelevante Informationen zu ausländischen Unternehmen an:
- **Deutschen Auslandshandelskammern** – ***www.ahk.de***
- **Außenwirtschaftsberatung durch deutsche Industrie- und Handelskammern** – ***www.info-weltweit.de***
- **Mittel- und Osteuropazentrum Rheinland-Pfalz GmbH** – ***www.moez-rlp.de***
- **Afrika-Verein der deutschen Wirtschaft** – ***www.afrikaverein.de***
- **Lateinamerika Verein e. V. (LAV)** – ***www.ibero-amerikaverein.de***
- **Nah- und Mittelost-Verein e. V.** – ***www.numov.de***
- **German Asia-Pacific Business Association – OAV** – ***www.oav.de***
- **Ost- und Mitteleuropa Verein e. V.** – ***www.o-m-v.com***

4.4.3 Wirtschaftsverbände

Wirtschaftsverbände – auch Unternehmer- und Branchenverbände genannt – vertreten die Interessen der in ihnen organisierten Wirtschaftsunternehmen, vergleichbar mit den Kammern, nur eben in speziellen Wirtschaftsbereichen. In der Regel sind sie nach Branchen geordnet und häufig in Form von Vereinen organisiert. Im Gegensatz zu den Kammern ist die Mitgliedschaft zu einem Verband freiwillig. Die Verbände sind nach Wirtschaftszweigen gegliedert und in Spitzenverbänden übergeordnet organisiert. Die Verbände verfügen meist über einen gut sortierten Bestand an Spezialliteratur des betreffenden Fachgebiets. Außerdem finden sich hier neben Positionspapieren und Pressemitteilungen der Verbände aktuelle Informationen wie Arbeitsmarktzahlen, außerdem der aktuelle Geschäftsklimaindex, der monatliche Auftragseingangsindex, über den man die Auftragslage in den entsprechenden Branchen ablesen kann sowie Ansprechpartner für relevante Fragen.

Im Folgenden sind relevante Verbände mit ihren Websites aufgelistet:

Übergeordnete Wirtschaftsverbände (Auswahl):

- **Bundesverband der Deutschen Industrie e. V. (BDI) - *www.bdi-online.de***
- **Hauptverband des Deutschen Einzelhandels – *www.einzelhandel.de***
- **Bundesverband mittelständische Wirtschaft – Unternehmerverband Deutschland e. V. (BVMW) – *www.bvmw.de***

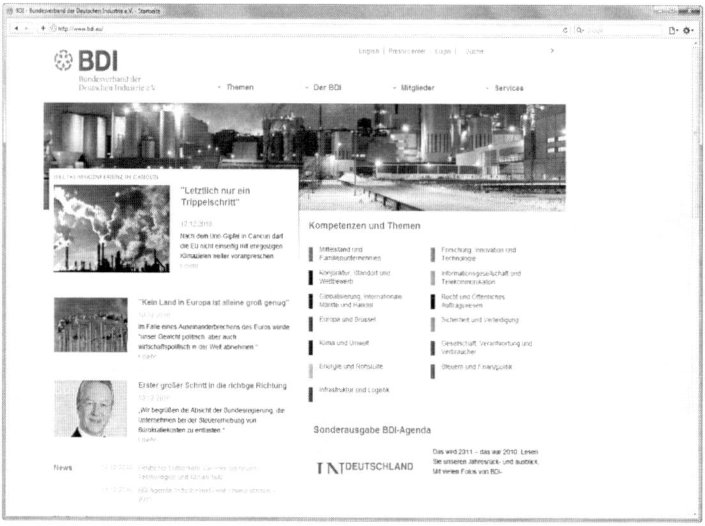

Abb. 37: Website des Bundesverbands der Deutschen Industrie e. V. (BDI) (www.bdi-online.de, Stand 18.12.2010)

Spezialisierte Branchenverbände:

- **Bundesverband Deutscher Banken – *www.bdb.de***
- **Gesamtverband der Deutschen Versicherungswirtschaft – *www.gdv.de***
- **Verband der Automobilindustrie – *www.vda.de***
- **Verband Deutscher Maschinen- und Anlagenbau e. V. – VDMA – *www.vdma.org***
- **Zentralverband Elektrotechnik- und Elektroindustrie – *www.zvei.de***
- **Zentralverband des Deutschen Baugewerbes (ZDB) – *www.zdb.de***
- **TecPart – Verband Technische Kunststoff-Produkte e. V. – *www.tecpart.de***
- **Bundesverband Informationswirtschaft, Telekommunikation und neue Medien e.V. (BITKOM) – *www.bitkom.org***
- **Gesellschaft für Information e. V. – *www.gi-ev.de***
- **REFA – Verband für Arbeitsstudien und Betriebsorganisation – *www.refa.de***

Verbände bestimmter Gruppierungen aus dem Bereich der Wirtschaft:

- **Bundesverband Deutscher Volks- und Betriebswirte e. V. (bdvb) –** ***www.bdvb.de***
- **Verband Deutscher Wirtschaftsingenieure (VWI) –** ***www.vwi.org***
- **Bundesverband der Freien Berufe –** ***www.freie-berufe.de***
- **Bundesverband Deutscher Unternehmensberater –** ***www.bdu.de***
- **Verband Deutscher Ingenieure –** ***www.vdi.de***
- **Wirtschaftsjunioren –** ***www.wjd.de***
- **UnternehmensGrün e. V. – Bundesverband der grünen Wirtschaft –** ***www.unternehmensgrün.de***

4.4.4 Ämter und Behörden

Bei nationalen oder internationalen Ämtern und Behörden finden sich zahlreiche Informationen zu Verwaltungs- und Wirtschaftsfragen aller Art:

- **Deutschland-Behörden –** ***www.bund.de*****:**

Das Portal *www.bund.de* ist für Bürgerinnen und Bürger, Unternehmen und Verwaltungen der **zentrale Zugang zu den elektronischen Leistungen und Informationsangeboten der Verwaltung im Internet**. Man findet hier Stellenangebote, Ausschreibungen, Immobilien, Behörden und Institutionen sowie eine alphabetische Gesamtübersicht der Leistungsangebote von Bundesbehörden und Einrichtungen, die im Auftrag des Bundes handeln. Auf der operativen Ebene werden hier also Informationen zu Anträgen verschiedenster Art bereit gestellt – von Mutterschaftsgeld über Handelsschiffbeflaggungen bis hin zu Ausfuhrkontrollen. Somit ist dieses Portal ein sinnvoller Zugang zu spezialisierten Informationsanbietern im behördlichen Sektor. Auch die Adressen aller Bundesbehörden sind hier strukturiert zu finden und somit viele Ansprechpartner für Detailfragen.

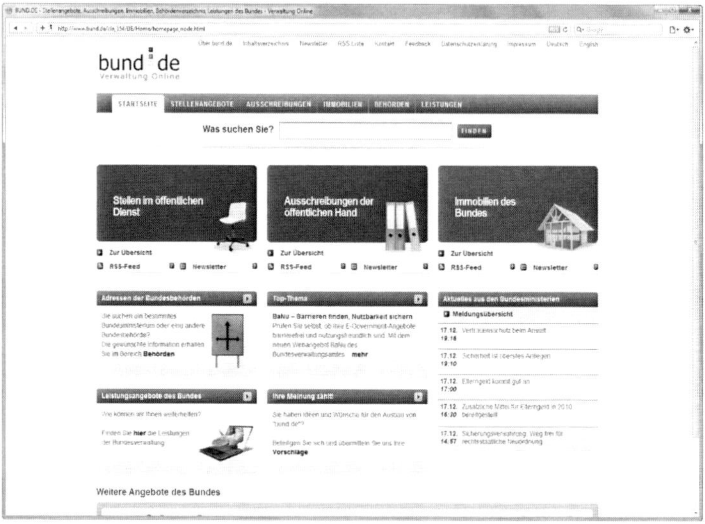

Abb. 38: Übersicht über die Bundesbehörden (www.bund.de, Stand 18.12.2010)

Spezialisierte Ämter und Behörden:

- **Statistisches Bundesamt – *www.destatis.de*:**

Das Statistische Bundesamt ist eine selbstständige Bundesoberbehörde, die statistische Informationen erhebt, sammelt, aufbereitet, darstellt und analysiert. Es gehört zum Geschäftsbereich des Bundesministeriums des Inneren. Am Dienstort Wiesbaden betreibt es die größte **Spezialbibliothek für Statistik** in Deutschland. Sie hält jederzeit aktuelle Arbeitsmarktdaten, Konjunkturindikatoren, Pressemitteilungen für jeden bereit. Sie bietet zudem eine Reihe von Auskunftsdiensten, über die jährlich laut Eigenangaben Hunderte von Anfragen beantwortet werden.

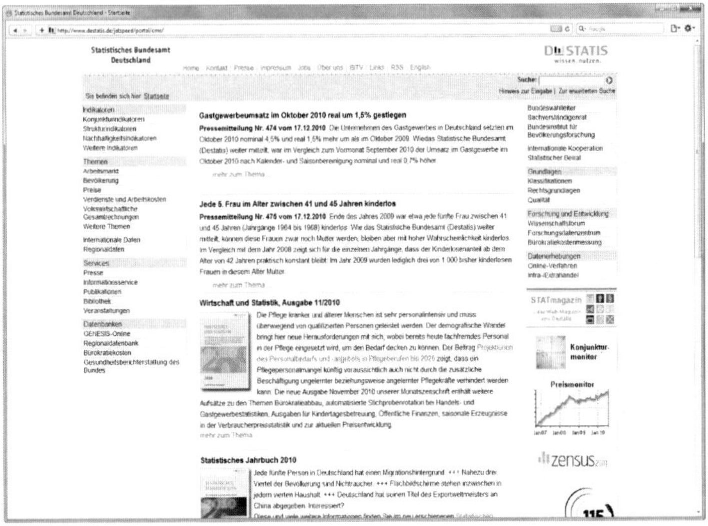

Abb. 39: Website des Statistischen Bundesamts (www.destatis.de, Stand 18.12.2010)

- **Bundesanstalt für Arbeit – *www.arbeitsamt.de*:**

Die Bundesagentur für Arbeit (BA) erfüllt für die Bürgerinnen und Bürger sowie für Unternehmen und Institutionen umfassende Dienstleistungsaufgaben für den Arbeits- und Ausbildungsmarkt. Hier finden sich Informationen zum Arbeitsmarkt, zu Anforderungen an Arbeitskräfte und Betriebe sowie Publikationen und Ansprechpartner der BA selbst.

- **Germany Trade and Invest (bis 01.01.2009 Bundesagentur für Außenwirtschaft (bfai)) – *www.gtai.de*:**

Germany Trade and Invest ist die neue Wirtschaftsförderungsgesellschaft der Bundesrepublik Deutschland. Sie ist durch die Zusammenführung der Bundesagentur für Außenwirtschaft und der Invest in Germany GmbH zum 1. Januar 2009 entstanden. Aufgabe von Germany Trade and Invest ist das Marketing für den Wirtschafts-, Investitions- und Technologiestandort Deutschland einschließlich der Investorenanwerbung. Die Gesellschaft berät ausländische Unternehmen, die ihre Geschäftstätigkeit auf den deutschen Markt ausdehnen wollen. Sie unterstützt deutsche Unternehmen, die ausländische Märkte erschließen wollen, mit Außenwirtschaftsinformationen. Germany Trade and Invest bietet ein umfassendes, kundenorientiertes Angebot an Wirtschafts- und Branchendaten sowie Informationen zu Ausschreibungen im Ausland, zu Investitions- und Entwicklungsvorhaben sowie zu Recht und Zoll.

- **iXPOS – *www.ixpos.de*:**

In Deutschland fördern über 70 Organisationen deutsche Unternehmen bei ihren Geschäften mit ausländischen Abnehmern. iXPOS hilft, den richtigen Ansprechpartner und die richtigen Informationen zu finden. Hintergrund: In vielen Ländern ist die Förderung der Außenwirtschaft zentralstaatlich organisiert. Dagegen ist das System in Deutschland durch den Föderalismus und die Beteiligung von Einrichtungen der privaten Wirtschaft gekennzeichnet. Dies führt zu einer größeren Vielfalt der Angebote, die mehr Kundennähe und eine gezieltere Förderung ermöglicht. Allerdings kann diese Vielfalt verwirren, da für das suchende Unternehmen nur ein bestimmter Teil der Außenwirtschaftsförderung interessant ist. Deshalb hat das Bundesministerium für Wirtschaft und Technologie iXPOS als Wegweiser durch die Vielfalt an Beratungsangeboten und Programmen 2001 ins Leben gerufen.

4.4.5 Gewerkschaften

Gewerkschaften und Berufsverbände vertreten die Interessen der in ihnen organisierten Arbeitnehmer gegenüber den jeweiligen Arbeitgebern.

Im Folgenden die Namen und Webadressen der größten deutschen Gewerkschaften im Überblick:

- **Vereinte Dienstleistungsgewerkschaft ver.di – *www.verdi.de***

Seit 2001: Zusammenschluss von der Gewerkschaft Handel, Banken und Versicherungen (HBV), der Gewerkschaft Öffentliche Dienste, Transport und Verkehr (ÖTV), der Deutschen Postgewerkschaft (DPG), der IG Medien und der Deutschen Angestellten-Gewerkschaft (DAG)

- **Transnet Gewerkschaft GdED – *www.gded.de***

Die GdED ist die größte Gewerkschaft der Mobilitätswirtschaft in der europäischen Gemeinschaft

- **Deutscher Beamtenbund (DBB) – *www.dbb.de***
- **Deutscher Gewerkschaftsbund (DGB) – *www.dgb.de***
- **Gewerkschaft Erziehung und Wissenschaft (GEW) – *www.gew.de***
- **Industriegewerkschaft Bergbau, Chemie, Energie (IG BCE) – *www.igbce.de***
- **Industriegewerkschaft Metalle (IG Metall) – *www.igmetall.de***
- **Industriegewerkschaft Bauen-Agrar-Umwelt IG Bau – *www.igbau.de***
- **Kommunalgewerkschaft für Beamte und Arbeitnehmer (KOMBA) – *www.komba.org***
- **Gewerkschaft Nahrung-Genuss-Gaststätten – *www.gewerkschaft-ngg.de***

Abb. 40: Website des Gewerkschaftsverbunds VERDI (www.verdi.de, Stand 18.12.2010)

4.4.6 Europäische und internationale Institutionen

Je nach zu bearbeitendem Thema müssen auch Informationen aus dem internationalen Umfeld zurate gezogen werden. Der folgende Überblick dokumentiert daher relevante wirtschaftswissenschaftliche Information auf europäischer und internationaler Ebene:

- **Das Portal der Europäischen Union (EU) –** ***www.europa.eu:***

Die EU bietet einerseits ein Dokumentationszentrum an, in dem man EU-Veröffentlichungen, Amtsblätter, Rechtsvorschriften, Statistiken etc. einsehen bzw. bestellen kann. Hier finden sich auch aktuelle Informationen über die EU-Mitglieder, EU-Institutionen, -Organe, den EU-Haushalt, den Euro sowie die Geschichte der EU – kostenlos zum Herunterladen oder zum Anfordern.

Abb. 41: Portal der Europäischen Union (www.europa.eu, Stand 18.12.2010)

- **Amt für Veröffentlichungen der EU – „Verlag" der EU – *http://publications.europa.eu/index_de.htm:***

Das Amt für Amtliche Veröffentlichungen der Europäischen Gemeinschaften ist das offizielle Verlagshaus der Institutionen und Organe der EU und daher ebenfalls eine reichhaltige Informationsquelle.

- **Organisation für wirtschaftliche Zusammenarbeit und Entwicklung (Organization for Economic Cooperation and Development, OECD) – *www.oecd.org:***

Das breite Arbeitsspektrum der OECD ist in verschiedene Bereiche aufgeteilt, u. a. Wirtschaft, Statistik, Umwelt, Handel, soziale Angelegenheiten. Unter den zahlreichen Veröffentlichungen der OECD sind aus wirtschaftswissenschaftlicher Sicht v. a. die OECD ‚Economic Studies', der OECD ‚Economic Outlook', das OECD ‚International Trade Statistic Yearbook' und die unregelmäßig erscheinenden OECD ‚Economic Surveys' zu nennen. Neben diesen Periodika veröffentlicht die OECD aber auch Monographien zu zahlreichen wirtschaftlichen Themen.

Abb. 42: Publikationen der OECD (www.oecd.org/publications, Stand 18.12.2010)

- **Statistischer Informationsdienst der Europäischen Union (EUROSTAT)** – ***http://epp.eurostat.ec.europa.eu/portal/page/portal/eurostat/home/:***

Die Veröffentlichungen des Statistischen Amtes der EU sind aus wirtschaftswissenschaftlicher Sicht von besonderem Interesse. Hier können kostenfrei auf europäischer Ebene vergleichbare Daten recherchiert werden. Die Themenbereiche sind u. a. Wirtschaft und Finanzen, Industrie, Handel und Dienstleistungen, Außenhandel.

- **Vereinte Nationen (UN bzw. UNO)** – ***www.unric.org* bzw. *http://www.un.org/Depts/german/:***

Auch die UN führt eine Reihe von Periodika, die sich mit vielfältigen wirtschaftswissenschaftlichen Themengebieten beschäftigen. Die Publikationen werden vom UNO-Verlag in Bonn vertrieben (*www.uno-verlag.de*).

- **Internationaler Währungsfond (IWF bzw. IMF) –** ***http://www.imf.org/external/index.htm:***

Der IWF publiziert zahlreiche Periodika zu nationalen und internationalen Finanzthemen, u. a. die International Finance Statistics, das Direction of Trade Yearbook oder die IWF Economic Reviews.

- **Verzeichnis der deutsch-internationalen Beziehungen –** ***www.laenderkontakte.de:***

www.laenderkontakte.de ist ein Verzeichnis deutscher und ausländischer Vertretungen, Verbindungsbüros und Informationsstellen aus den Bereichen Politik, Außenwirtschaft und Banken, Kulturaustausch, Medien, Entwicklungszusammenarbeit, humanitärer Hilfe, Wissenschaft und Forschung sowie Tourismus.

4.4.7 Forschungsinstitute

Einige der weltweit renommiertesten Forschungseinrichtungen haben ihren Sitz in Deutschland. Sie forschen zu vielen Fragestellungen, die Gesellschaft, Wissenschaft und Wirtschaft aufwerfen – in der Regel in Instituten, die häufig an Hochschulen angesiedelt sind. Sie betreiben fundierte Grundlagenforschung mit häufig hohem Praxisbezug und dienen als Lieferanten für innovatives Know-how im Dienste der Allgemeinheit.

Folgende Gesellschaften sind mit zahlreichen Tochterinstituten in der deutschen Forschungslandschaft vertreten:

- **Max Planck Gesellschaft –** ***www.mpg.de***
- **Fraunhofer Gesellschaft –** ***www.fraunhofer.de***
- **Helmholtz Gemeinschaft –** ***www.helmholtz.de***
- **Leibniz Gemeinschaft –** ***www.wgl.de***

Die folgenden öffentlichen Forschungsinstitute haben ihre Arbeitsschwerpunkte im Bereich der Wirtschaftswissenschaften. Sie veröffentlichen zweimal im Jahr so genannte Konjunkturgutachten mit Prognosen zur deutschen Wirtschaft:

- **Deutsches Institut für Wirtschaftsforschung, Berlin (DIW) –** ***www.diw-berlin.de***
- **Instituts für Wirtschaftsforschung, München (ifo) –** ***www.ifo.de***
- **Institut für Weltwirtschaft, Kiel (IfW) –** ***www.ifw-kiel.de***
- **Institut für Wirtschaftsforschung, Halle (IWH) –** ***www.iwh.uni-halle.de***
- **Rheinisch-Westfälisches Institut für Wirtschaftsforschung, Essen (RWI) –** ***www.rwi-essen.de***
- **Zentrum für Europäische Wirtschaftsforschung, Mannheim (ZEW) –** ***www.zew.de***

Hinzu kommen private Wirtschaftsforschungsinstitute:

- **Institut der deutschen Wirtschaft, Köln –** ***www.iwkoeln.de***

Abb. 43: Website des Instituts der deutschen Wirtschaft (www.iwkoeln.de, Stand 18.12.2010)

- **Hamburgisches Weltwirtschaftsinstitut (HWWI) –** ***www.hwwi.de***
- **Wirtschafts- und Sozialwissenschaftliches Institut (WSI), Düsseldorf –** ***www.boeckler.de***

Weitere Wirtschaftsforschungsinstitute (Auswahl):

- **Institut zur Zukunft der Arbeit (IZA) – *www.iza.org***
- **Institut für Arbeitsmarkt- und Berufsforschung – *www.iab.de***
- **Max-Planck-Institut zur Erforschung von Wirtschaftssystemen, Jena/Max-Planck-Institut für Ökonomik – *www.mpiew-jena.mpg.de***
- **Bundeszentrale für politische Bildung – *www.bpb.de***
- **GESIS – Leibniz-Institut für Sozialwissenschaften – *www.gesis.org***
- **Leipziger Institut für Bildung und Forschung e. V. – *www.leipzigerinstitut.de***

4.4.8 Zusammenfassung

Öffentliche Einrichtungen und Forschungsinstitute sind eine wichtige Informationsquelle für die wirtschaftswissenschaftlich orientierte Informationsrecherche. In der Regel bieten sie Informationsdienste, Archive, Bibliotheken, Datenbanken und persönliche Ansprechpartner. Ministerien auf Bundes- und Landesebene stellen meist praxisorientierte Information zu den Schwerpunkten ihrer jeweiligen Ressorts zur Verfügung. Kammern und deren Dachverbände vertreten die Interessen ihrer Mitglieder, nehmen zu wirtschaftlichen Fragen Stellung und stellen Information unterschiedlichster Art für die Öffentlichkeit und die Mitglieder bereit. Wichtige Vertreter sind der DIHT und die regionalen IHKs. Wirtschaftsverbände können generelle oder auch spezifische Interessen vertreten und entsprechende Informationen anbieten. Bekannte Vertreter sind der Bund der Deutschen Industrie oder auch der Verband der Automobilindustrie. Besonders relevant sind die Informationen des Statistischen Bundesamtes. Auch Gewerkschaften bieten vielfältige Informationen zu wirtschaftlichen Fragen – wieder aus einer gänzlich anderen Perspektive. So sind diese Informationen – wie bei Kammern auch – von den spezifischen Interessen der Mitglieder geprägt. Europäisch und international von Interesse sind die Publikationen der Europäischen Union und der Organisation für wirtschaftliche Zusammenarbeit und Entwicklung (OECD). Wirtschaftsforschungsinstitute wie das Institut für Wirtschaftsforschung (ifo) stellen neben Informationen Prognosen und Gutachten zur wirtschaftlichen Lage zur Verfügung.

Weiterführende Literatur und Information:

Brink (2007)
Fischer (2009)
Imago Informationstechnologie GmbH (2010) –
www.verbaende.de

4.5

Suchmaschinen

Nach dem Lesen dieses Kapitels werden Sie

- einen Überblick über die verschiedenen Arten und Funktionsweisen von Suchmaschinen haben,
- den Unterschied zwischen Suchmaschinen, Suchagenten, Meta-Suchmaschinen und Webkatalogen kennen,
- einordnen können, wann Sie welche Suchmaschine benutzen sollten und wann nicht,
- die Ergebnisse von Recherchen in Suchmaschinen besser bewerten und einordnen können.

4.5 Suchmaschinen

4.5.1 Allgemeine Suchmaschinen
4.5.2 Meta-Suchmaschinen
4.5.3 Suchagenten
4.5.4 Webkataloge
4.5.5 Semantische Suchmaschinen
4.5.6 Zusammenfassung

4.5 Suchmaschinen

Suchmaschinen, gelegentlich auch „Index-Kataloge“ genannt (Potempa et al. 2001, S. 95) bieten die Möglichkeit, durch Eingabe von Suchbegriffen (vgl. Kapitel 3.3.2) nach Informationen im Internet zu suchen. Sie „durchsuchen das Web in der Regel automatisch und erfassen die gefundenen Dokumente in einer eigenen Datenbank“ (Lewandowski 2005, S. 25). Suchmaschinen scheinen einfach und schnell nutzbar zu sein: Nach Eingabe eines oder mehrere Suchbegriffe erhält der Suchende eine Auswahlliste aus der so angelegten temporären Datenbank mit Links zu Websites, die diese Begriffe enthalten. Das können Textseiten sein, aber auch – je nach eingestelltem Suchfilter oder Art der Suchmaschine – Bilder, Videos sowie natürlich vermischte Daten. Die suchmaschinenseitige Recherche im Web und die Platzierung der Treffer auf den angezeigten Trefferseiten erfolgt dabei mithilfe ausgeklügelter **Algorithmen**, die sich je nach Suchmaschine gravierend unterscheiden. Das hat zur Folge, dass bei identischer Suchbegriffseingabe und -kombination die ersten Ergebnisseiten je nach Suchmaschine völlig verschieden aussehen können (zu Suchformen im Internet vgl. Lewandowski 2005, S. 24 ff).

Suchmaschinen wird heutzutage eine so genannte „Gatekeeper“-Funktion zugeschrieben – sie sind zum „bedeutendsten Rechercheinstrument sowohl im privaten wie auch beruflichen und wissenschaftlichen Bereich avanciert“ (Lewandowski 2005, S. 13). So entscheiden sie bzw. die verwendeten Algorithmen (leider) häufig darüber, welche Informationen im Internet gefunden und somit auch rezipiert und verarbeitet werden.

Da das Internet ein großes „JeKaMi (Jeder kann mitmachen)“ ist (Regionales Rechenzentrum für Niedersachsen (RZZN) 2001, S. 191) findet man auch eine große Sammlung von Inhalten unterschiedlichster Herkunft und Qualität. So werden studentische Publikationen oder persönliche Statements zu bestimmten Themen auf gleicher Ebene gefunden wie Expertenveröffentlichungen – es bleibt Aufgabe des Nutzers, die gefundenen Informationen zu bewerten und zu interpretieren.

Die ‚Bewertung' der gefundenen Information als relevant und zuverlässig ist deshalb eine verantwortungsvolle Aufgabe (vgl. Kapitel 3.3) umso mehr, da Suchmaschinen bisweilen aufgrund wirtschaftlicher Interessen mit technologischen Spitzfindigkeiten (Metatags, verborgener Text, Google-Bomben) Trefferlisten manipulieren. So leitete die EU-Kommission im November 2010 ein formelles Verfahren ein, um zu untersuchen, ob Google seine marktbeherrschende Stellung bei der Online-Suche missbraucht hat.

Die Qualität des Sucherfolgs hängt bei der Arbeit mit Suchmaschinen stark davon ab, ob der Suchende die speziellen Suchtechniken und Algorithmen der jeweiligen Technologie kennt und anwenden kann (vgl. Kapitel 3). Bei der enormen Vielzahl der Suchresultate kommt gerade der Frage, wie deren Relevanz bestimmt wird und welche deshalb auf den ersten Ergebnisseiten angezeigt werden, entscheidende Bedeutung zu, weil sich die überwiegende Mehrheit der Nutzer nur die ersten ein bis zwei Seiten de Suchergebnisliste ansieht.

Ob Suchmaschinen oder Webkataloge besser geeignet sind, um sinnvolle Informationen zu finden, hängt vom jeweiligen Thema ab und muss auf der Basis des konkret vorliegenden Problems entschieden werden. Webkataloge (siehe Kapitel 4.5.4) decken eventuell nur einen kleinen, aber gezielten Teil der zum entsprechenden Themenbereich im Web vorhandenen Quellen ab. Außerdem versagen sie dann, wenn der Suchende speziellere Suchbedürfnisse hat. Suchmaschinenanfragen erzeugen indessen eine hohe Menge an ‚Abfall', den der Suchende zunächst aussondern muss. Außerdem hängt der Sucherfolg beim Umgang mit Suchmaschinen auch davon ab, ob der Recherchierende die dargestellten Suchtechniken der einzelnen Suchmaschine beherrscht und gezielt einsetzen kann (vgl. Kapitel 3.3). Da jede Suchhilfe, egal welcher Kategorie sie angehört, nur einen Teil des Internets durchsucht, sollten immer mehrere Suchhilfen zurate gezogen werden.

Tipp

Wer auf der Suche nach wissenschaftlicher Information mit Suchmaschinen arbeitet, sollte wenigstens zwei oder drei Suchmaschinen benutzen und sich intensiv mit deren Abfragesprachen und -technik beschäftigen.

Wichtige Begriffe im Zusammenhang mit Suchmaschinen:

Web Crawler

Der Web Crawler (auch „Agent", „Spider", „Web robot" oder „Bot" genannt) ist dabei die zentrale Komponente von Suchmaschinen. Mit seiner Hilfe werden Fundstellen aus dem Internet identifiziert und extrahiert. Web Crawler unterscheiden sich je nach Anwendung bzw. Verwendung der gewonnenen Ressourcen stark in ihrer Konzeption und somit auch in ihrer Architektur (vgl. Ehrig/Hartmann/Schmitz 2004, S. 25). Sie übertragen eine große Anzahl an Websites in einen lokalen Speicher und erstellen basierend auf Schlüsselwörtern einen Index. Der einzige Weg für den Web Crawler, Websites und URLs zu sammeln, besteht darin, ausgehend von einer oder mehreren so genannten „Seed Pages" (Start-URLs) nach Hyperlinks zu anderen (neuen) Websites zu suchen und diese sukzessive abzuarbeiten. Dies ist das fundamentale Prinzip eines Web Crawlers. Ausgehend von den Seed Pages werden alle darin enthaltenen Hyperlinks ausgelesen und sukzessiv abgearbeitet. Dieser Prozess lässt sich beliebig oft wiederholen und ermöglicht es theoretisch, das gesamte Web zu indexieren.

Durch das ständige Wachstum, die kontinuierliche Veränderung, verschiedene Dokumenttypen und -versionen, das Vorhandensein von dynamischen Seiten, die einen Input erfordern und die Tatsache, dass nicht alle Webdokumente miteinander verbunden sind, ist dies jedoch praktisch unmöglich (vgl. Lewandowski 2005, S. 41 ff). Fokussierte Web Crawler verwenden inhaltsorientierte Algorithmen, Hintergrundwissen und Strukturinformationen, um den besten Pfad durch das Web zu finden und (für ein Thema) irrelevante Bereiche des Webs auszusparen (vgl. Gotter 2010, Universelle Suchmaschinen, *http://wissensexploration.de/focused-crawler-universalsuchmaschinen.php*, Stand 28.4.2010).

Deep Web

Suchen im Web unterliegt ständigen Veränderungen – so gibt es Dokumente, die vom Betreiber gewollt oder ungewollt – über Suchmaschinen bzw. deren Web Crawler nicht oder nur schwer auffindbar sind. Sie bilden das so genannte „Deep Web" (auch „Hidden Web" oder „Invisible Web") – im Gegensatz zum für alle sichtbaren „Visible Web" (sichtbares Web) oder „Surface Web" (Oberflächenweb). Inhalte des Deep Web können einerseits fachspezifische Datenbanken (Fachdatenbanken) sein, aber auch Websites, die erst durch Anfragen dynamisch aus Datenbanken generiert werden (vgl. Stock 2007, S. 108 ff). Darin enthalten sind also zum einen Inhalte, die nicht für jeden zugreifbar sein sollen, wie auch Inhalte, die Suchmaschinen (noch) nicht finden können, z. B. Sound-Informationen, Filme, Videos, PDF-Viewer, News-Reader und vieles mehr. Die Größe des Deep Web kann nur geschätzt werden – es wird davon ausgegangen, dass es ein Vielfaches des direkt zugänglichen Webs umfasst. Suchmaschinen und ihre Web Crawler werden jedoch ständig weiterentwickelt, daher können Websites, die gestern noch zum Deep Web gehörten, heute schon Teil des Oberflächenwebs sein.

Open Access

Hingewiesen werden soll an dieser Stelle auch auf die so genannte „Open Access"-Bewegung, die dafür eintritt, dass wissenschaftliche Literatur kostenfrei und öffentlich im Internet zugänglich sein sollte und auf jede denkbare legale Weise benutzt werden kann, ohne finanzielle, gesetzliche oder technische Barrieren (vgl. Müller 2010).

4.5.1 Allgemeine Suchmaschinen

Allgemeine Suchmaschinen beanspruchen, das Web über die gesamte Breite seiner Inhalte und Informationsfülle abzudecken. Die Vorzüge der Suche mit allgemeinen Suchmaschinen liegen daher auch in der Vielzahl der Ergebnisse. Kurz gesagt – man findet immer schnell und zu jedem noch so abseitigen Thema Informationen. Doch diese Stärke ist gleichzeitig auch eine Schwäche. Die gefundene Information ist nicht immer treffend oder gar neutral oder hochwertig. Daher erfordert die wirklich erfolgreiche Suche nach wissenschaftlich einschlägiger und qualitativ auch hochwertiger Information mit allgemeinen Suchmaschinen immer noch Vorbereitung und damit auch Zeit vom Recherchierenden.

Der Suchmaschinenmarkt zeichnet sich insgesamt durch eine hohe Konzentration aus, denn nur wenige Anbieter beherrschen ihn. Zudem betreiben viele Anbieter selbst keine eigene Suchmaschine, sondern bieten nur eine Such*oberfläche*, während die dahinter stehende Suchmaschine von einem der großen Anbieter betrieben wird. Aktuell existieren nur noch wenige große Anbieter, die eigene Suchmaschinen mit einem nennenswerten Datenbestand betreiben, und zwar Google, Bing/Yahoo und Ask.

- **Google – *www.google.de*:**

Vor wenigen Jahren war Google noch ein junges Start Up-Unternehmen, heute ist es für viele der Inbegriff eines skrupellosen Konzerns, der seine marktdominante Stellung ausnutzt und hemmungslos Daten über seine Nutzer sammelt (vgl. Kaumanns/Siegenheim 2009). Google behauptet, dass es circa 1 Billion Internetseiten erfasst, in jedem Fall kann es derzeit als die klare „Nummer 1“ auf dem Suchmaschinen-Markt bezeichnet werden. „Google war 2009 nicht nur eine der größten Suchmaschinen weltweit, sondern konnte auch schneller als der Gesamtmarkt wachsen. Während die Anzahl der weltweiten Suchen um 46 % auf 131.354 Milliarden Suchen stieg, konnte Google seine Suchen sogar um 58 % steigern. So kann Google 66,8 % des weltweiten Suchmaschinenmarktes für sich beanspruchen." (Siemers 2010).

Wenn mit Google gesucht wird, sollte die erweiterte Suchfunktion benutzt werden. Die Treffer werden dadurch passgenauer. Weiterhin sollte man bei jeder Recherche bedenken, dass die Treffer, v. a. die erstgenannten, mithilfe bestimmter Algorithmen zustande kommen, die v. a. die Verlinkung als maßgeblichen Faktor für den Wert einer Seite berücksichtigen. Für wissenschaftliche Zwecke (aber auch für viele andere) kann dies verständlicherweise kein sinnvoller Bewertungsmaßstab sein.

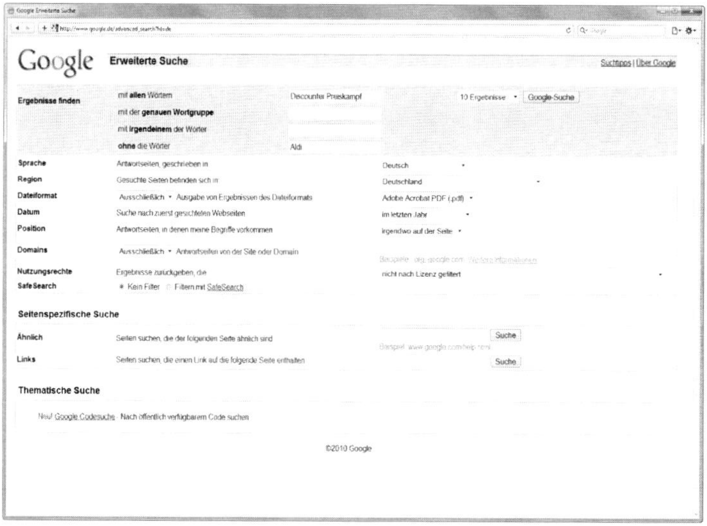

Abb. 44: ‚Erweiterte Suche' bei Google (www.google.de, Stand 19.12.2010)

- **Bing – *www.bing.com*:**

Bing ist das Konkurrenzangebot zu Google, das von Microsoft angeboten wird und seit Mitte 2009 MSN Live Search ersetzt. Strategisch ist Bing auf klarem Vorwärtskurs - seit 2009 existiert eine Allianz mit Yahoo, seit 2010 eine Partnerschaft mit Facebook (vgl. Bernau 2010b).

- **Yahoo – *www.yahoo.de*:**

Yahoo bietet neben reiner Suchmaschinen- auch Webkatalog-Funktionalitäten (vgl. Kapitel 4.5.5). Yahoo und Microsoft schlossen im Juli 2009 eine strategische Allianz im Bereich der Internetsuche. Seitdem setzt Yahoo statt eigener Suchtechnik Bing ein.

- **Ask – *www.ask.com*:**

Ask ist die viertgrößte amerikanische Internet-Suchmaschine, früher Ask Jeeves. Sie startete 2006 mit einer deutschen Variante (vgl. Faller 2006). Ask ist in Europa relativ unbekannt, liefert auch vorwiegend US-amerikanische Ergebnisse.

Weitere Suchmaschinen (Auswahl):

- **Abacho – *www.abacho.de***
- **Acoon – *www.acoon.de***
- **AltaVista – *www.altavista.de***
- **Blekko – *www.blekko.com (seit 2010)***
- **Copernic – *www.copernic.com***
- **Excite – *www.excite.com***
- **Fireball – *www.fireball.de***
- **Lycos – *www.lycos.de***
- **Mamma – *www.mamma.com***

4.5.2 Meta-Suchmaschinen

‚Meta-Suchmaschinen durchsuchen gleichzeitig die Datenbestände mehrerer allgemeiner Suchmaschinen, besitzen also keine eigene Datenbank. Die Suchergebnisse werden, nach eigenen Algorithmen geordnet, präsentiert. Durch Recherche in Meta-Suchmaschinen lässt sich der Suchprozess optimieren und abkürzen. Über das Suchinterface kann der Suchende von einer Stelle aus und mit einer einmaligen Eingabe der Suchbegriffe zum Teil Hunderte von Informationsquellen verschiedenster Art (also Nachschlagewerke, News, soziale Suchmaschinen, Wissenschaftssuchmaschinen) ganz gezielt nach bestimmten Informationsarten (Blogs, News, Maps, Videos, Bilder etc.) durchsuchen.

Einige wichtige Meta-Suchmaschinen sind (Auswahl):

- **Scirus** – ***www.scirus.com***:

Die Suchmaschine Scirus („For Scientific Information Only“) ist fokussiert auf wissenschaftliche Inhalte, durchsucht über 400 Millionen relevanter wissenschaftlicher Websites. Ihr Fokus auf Wissenschaft hebt sie von anderen Suchmaschinen ab und macht sie für wissenschaftliche Recherche interessant. Sie bietet vielfältige Möglichkeiten einer differenzierten Suche (Advanced Search). Aus wirtschaftswissenschaftlicher Sicht interessant ist v. a. das Themengebiet „Economics, Business and Management“.

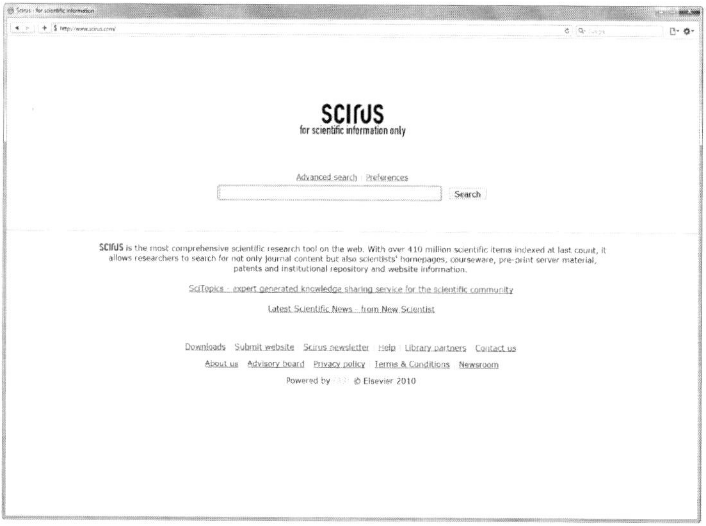

Abb. 45: Website der Suchmaschine Scirus (www.scirus.com, Stand 19.12.2010)

- **Clusty** – ***www.clusty.com***:

Clusty fasst gefundene Websites in inhaltlichen Gruppen (Clustern) zusammen.

- **metacrawler** – ***www.metacrawler.com*** und **Allplus** – ***www.allplus.com***:

Metacrawler und Allplus durchsuchen neben den vier großen noch eine ganze Reihe anderer Suchmaschinen.

- **MetaGer – *www.metager.de*:**

Metager ist eine Meta-Suchmaschine, die deutschsprachige Suchmaschinen durchsucht. Sie wird von der Leibniz Universität Hannover gepflegt.

- **Nettz.de – *www.nettz.de*:**

Nettz durchsucht die wichtigsten deutschen und internationalen Suchmaschinen.

4.5.3 Suchagenten

So genannte „Suchagenten“ verfolgen wiederum einen anderen Ansatz. Es handelt sich dabei um Programme, die der Nutzer auf seinem eigenen Rechner installieren muss, bevor er Suchanfragen ausführen kann. Es ist aber auch möglich, die Agenten mit regelmäßigen Suchanfragen zu beauftragen, die dann in bestimmten Intervallen ausgeführt werden. Mit dieser so genannten „Push-Technik“ befriedigen Suchagenten auch einen regelmäßig wiederkehrenden Informationsbedarf, denn sie sorgt dafür, dass vom Benutzer gewünschte und definierte Informationen direkt auf die Festplatte geladen werden, ohne dass er sie sich selbst aus den Angeboten suchen und herunterladen muss (vgl. Lewandowski 2005, S. 26 f).

4.5.4 Webkataloge

In Webkatalogen – auch „Subject-Kataloge“ (Potempa et al. 2001, S. 87), thematische Verzeichnisse oder „Portale“ genannt – sind die Informationsquellen des Internets schon nach Sachgebieten vorgeordnet. Webkataloge stellen die älteste Suchform im Internet dar und waren in den Anfängen des Internet der einzige Typus von Suchinstrument. Sie zeichnen sich dadurch aus, dass sie keine Liste von Websites auf der Basis von Suchbegriffen anzeigen, sondern eine **Übersicht von Quellen zu verschiedenen Themenbereichen, die nach Kategorien und Unterkategorien gegliedert sind.**

Webkataloge haben nur Webeinstiegsseiten als dokumentarischen Bezugsrahmen, deshalb ist das Ergebnis kleiner als bei allgemeinen Suchmaschinen (vgl. Stock 2007, S. 108). Anhand der Einträge des Katalogs kann sich der Suchende einen thematischen Überblick verschaffen, denn er findet meist redaktionell geprüfte und einsortierte Adressen vor.

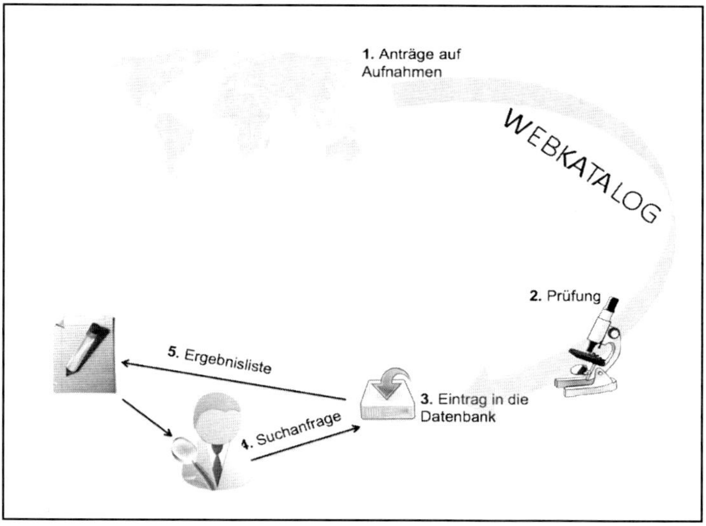

Abb. 46: Webkatalogisierung

Je nach Katalog übernimmt nämlich eine Redaktion den Eintrag und die Zuordnung der angemeldeten Websites in thematische Kategorien oder der Website-Betreiber selbst muss seine Website einer passenden Kategorie zuordnen. Diese Einträge werden dann je nach Webkatalog von einem Gremium auf Sinnhaftigkeit und Korrektheit geprüft und erst dann freigeschaltet. Die Aufnahme einer Website in einen Katalog ist also im Gegensatz zu Suchmaschinen vom Typ ‚Google' nicht von deren (Link-)Popularität abhängig.

Webkataloge können und wollen in der Regel keine Vollständigkeit der Ergebnisse in dem Sinne anstreben, dass möglichst alle Quellen im Web zu einem Bereich zusammengestellt werden – sie wollen vor allem **relevante** Quellen darstellen. Bei Webkatalogen steht also die **Qualität im Fokus, weniger die Quantität** – genau das macht sie für wissenschaftliche Recherchen interessant. Das Suchergebnis besteht daher auch nicht aus langen Listen mit Suchresultaten, sondern aus einer überschaubaren Anzahl von Ergebnissen, wohlgeordnet in verschiedene Unterkategorien, meist mit der jeweiligen Trefferanzahl. So findet der Suchende gezielt nur Informationen zum gewünschten Teilbereich und zwar – wie oben schon erwähnt – redaktionell bewertete Quellen.

Webkataloge eignen sich besonders für den Einstieg in ein Fachgebiet, da sie dem Suchenden helfen, ein großes Sachgebiet mittels der Webkatalogkategorien überhaupt erst in kleinere zerteilen bzw. eingrenzen zu können.

Wichtige Vertreter (Auswahl):

- **Open Directory Project (ODP) – *www.dmoz.org*:**

Das mit Abstand größte Internetverzeichnis verzichtet vollständig auf Werbung. Jeder kann sich beim ODP als Redakteur anmelden und so beim Aufbau des Internetverzeichnisses mithelfen. Außerdem kann jeder die Inhalte aus dem ODP z. B. zum Aufbau eigener Linksammlungen nutzen. Viele andere Anbieter bedienen sich daher der Daten des ODP, u. a. das Google Directory.

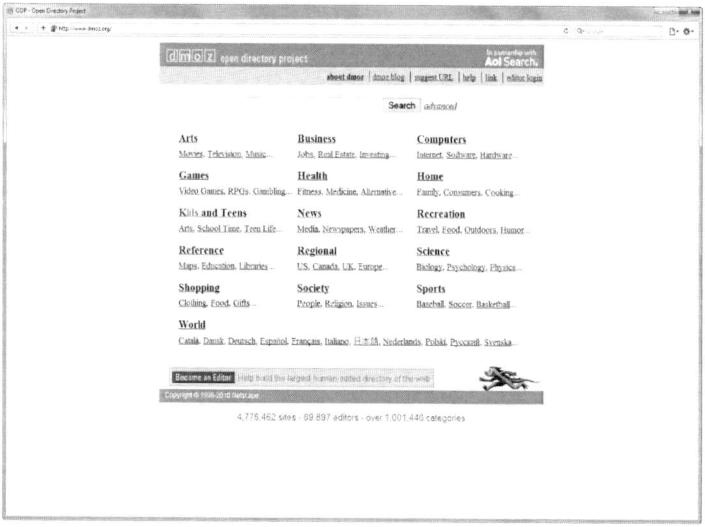

Abb. 47: Website des Open Directory Projekts (DMOZ) (www.dmoz.org, Stand 19.12.2010)

- **Google Directory – *www.google.com/dirhp*:**

Qualitativ hochwertig und quantitativ wohl eine der umfangreichsten, nach Kategorien geordneten Quellensammlungen, eine Kooperation von Google mit dem Open Directory Project (siehe oben).

- **Google Scholar – *scholar.google.de*:**

Google Scholar ist ein relativ neues Produkt aus der Google-Familie. Google hat seine Suchdienstleistungen hier auf wissenschaftliche Literatur spezialisiert. Angeboten werden u. a. Seminararbeiten, Magister-, Diplom- sowie Doktorarbeiten, Bücher, Zusammenfassungen und Artikel, die aus Quellen wie akademischen Verlagen, Magazinen für Vorabdrucke, Hochschulen und anderen Bildungseinrichtungen stammen. Auch Zusammenfassungen und Zitate sind zu finden. Google versucht hier das bewährte Prinzip, mit einer Suchmaschine ‚alles' zu finden, auf Google Scholar zu übertragen. Hervorzuheben ist die interessante erweiterte Suchfunktion, mit der die Ergebnisse eingeschränkt und präzisiert werden können.

Zur Präsentation der Suchergebnisse schreibt Google Scholar: „Google Scholar ordnet Ihre Suchergebnisse nach Relevanz an. So wie bei der Websitesuche mit Google werden die nützlichsten Verweise oben auf der Seite angezeigt. Die Ranking-Technologie von Google berücksichtigt den vollständigen Text eines Artikels, den Autor, wo der Artikel veröffentlicht wurde und wie oft der Text in der wissenschaftlichen Literatur zitiert wurde“ (Google Scholar 2010, *http://scholar.google.de/intl/de/scholar/about.html*, Stand 03.08.2010).

Abb. 48: Google Scholar (http://scholar.google.de/, Stand 19.12.2010)

- **Alleksklar.de – *www.alleskIar.de*:**

Alleskiar ist ein deutscher Webkatalog mit wirtschaftlich relevanten Kategorien wie Bildung und Wissenschaft, Finanzen und Wirtschaft, Gesellschaft und Politik.

Weitere Vertreter (Auswahl):

- **Klug Suchen – *www.klug-suchen.de***
- **Sharelook – *www.sharelook.de***

- **Suchlexikon – *www.suchlexikon.de***
- **Beaucoup! – *www.beaucoup.com***

4.5.5 Semantische Suchmaschinen

Die neuesten Entwicklungen stellen die so genannten „semantischen Suchmaschinen“ dar. Diese akzeptieren die natürliche Sprache, also komplette Sätze und nicht nur isolierte Suchbegriffe als Eingabemittel. Aufgrund komplexer Algorithmen versucht eine solche Suchmaschine, die Semantik, also die inhaltliche Bedeutung einer eingegebenen Frage zu erfassen. Anschließend sucht sie in ihrem Datenbestand nach passenden Antworten. Idealerweise besteht die Antwort dabei aus Internetseiten, die dem gesuchten Zusammenhang entsprechen, aber nicht zwingend die eingegebenen Wörter enthalten. Auch wenn diese relativ neue Art von Suchmaschinen bislang nur in engen Bereichen verlässlich funktionieren, haben einzelne Elemente der semantischen Suche auf vielfältige Weise ihren Niederschlag im Internet gefunden.

Die bekannteste semantische Suchmaschine im deutschsprachigen Raum ist **Semager** (*www.semager.de*).

Abb. 49: Website der Semantischen Suchmaschine Semager (www.semager.de, Stand 19.12.2010)

Semager errechnet mit mathematischen Methoden die Bedeutung von Wörtern und zwar mittels semantischer Analyse vieler verschiedener Websites.

Im Jahr 2009 gab es auf dem „erweiterten" Markt der semantisch orientierten Suchmaschinen gleich mehrere Erdbeben – zunächst startete die „Antwortmaschine" **Wolfram Alpha** (***www.wolfram-alpha.com***) des renommierten Physikers Stephen Wolfram im Mai. Diese als Antwortmaschine (nicht Suchmaschine) titulierte Technologie soll nicht mehr nur Listen von möglichen Orten erstellen, an denen man die Antwort finden könnte, sondern die Antworten sofort einblenden. Nach Eingabe eines Suchbegriffs listet diese Maschine alle gefundenen Daten direkt auf und mit einem Klick kann der Suchende die Quellen erfragen.

Noch steckt *www.wolframalpha.com* in den Kinderschuhen – für den Benutzer sind die Hintergründe der Antwortzusammenstellung wenig transparent, die Sucheingabe muss in Englisch erfolgen und die Antwort lautet noch häufig „Wolfram|Alpha isn't sure what to do with your input".

Fast zeitgleich zur Einführung von Wolfram Alpha startete Google mit dem experimentellen Suchdienst Squared (***www.google.com/squared***) – auch hier werden die Ergebnisse nicht in einer Linkliste zusammengestellt, sondern als Tabelle präsentiert. Anders als die kurz vorher online gegangene Antwortmaschine Wolfram Alpha, die ausschließlich auf eigens aufbereitete Datenbestände zugreift, bedient sich Google Squared bei der Suche nach Material für seine Tabellen im Web (vgl. Heise/Heise/Persson 2009, www.heise.de, Stand: 04.06.2009).

Die hektischen Versuche der Marktführer, auf das neue Produkt der Wissenschaft zu reagieren, bieten dem Benutzer interessante Nuancen zur Arbeit mit den ‚konventionellen' Suchmaschinen. Ob und wann sie diese in Effektivität überholen, bleibt offen – aber ein Anfang auf dem öffentlich zugänglichen Markt der semantischen Suchmaschinen ist gemacht.

4.5.6 Zusammenfassung

Suchmaschinen sind für alltägliche wie auch für wissenschaftliche Recherchen ein wichtiges Instrument. Wissenschaftliche Information ist allerdings vielfach im so genannten Deep Web versteckt und muss deshalb mit entsprechenden Suchtechniken aufgespürt werden. Klassische Suchmaschinen wie Google oder Yahoo sind so genannte Indexsuchmaschinen, die das Web durchsuchen und die Ergebnisse in einer eigenen Datenbank ablegen. Bei so genannten Webkatalogen werden die Informationen nach thematischen Strukturen geordnet präsentiert, die Information wird meist redaktionell vom Suchmaschinenanbieter bearbeitet. Metasuchmaschinen wie Metager durchsuchen die Datenbestände mehrerer allgemeiner Suchmaschinen. Die aktuellste Weiterentwicklung besteht in den so genannten semantischen Suchmaschinen wie etwa Wolfram Alpha, die den Anspruch haben, nicht nur einzelne

Begriffe zu verarbeiten, sondern Fragen zu verstehen, die in freien Texteingaben eingegeben werden können.

Weiterführende Literatur und Information

Brink (2007)
Goemann-Singer/Graschi/Weissenberger (2004)
Georg-August-Universität Göttingen (2010) – *www.open-access.de*
ITam GmbH (2010) – *www.recherchefibel.de*
Karzauninkat (2010) – *www.suchfibel.de*
Kaumanns/Siegenheim (2009)
Lewandowski (2005)
Lewandowski (Hrsg.) (2009)
Machill (Hrsg.) (2003)
Müller (2010)
Norries (2008)
Patzwaldt (2010) – *www.at-web.de*
Pieper/Wolf (2009)
Stock (2007)
Universitätsbibliothek der Universität Bielefeld (2010) – *www.ub.uni-bielefeld.de/biblio/search/*

4.6
Datenbanken

Nach dem Lesen dieses Kapitels werden Sie

- einen Überblick über die verschiedenen Arten von Datenbanken haben,
- einen Überblick über die wichtigsten Datenbanken im Wirtschaftsbereich haben,
- wissen, wie Sie auf Datenbanken im Internet zugreifen können.

4.6 Datenbanken

4.6 Datenbanken

Als „Datenbank" wird grundsätzlich eine Sammlung von Informationen bezeichnet, die aus einzelnen Datensätzen mit jeweils gleicher, fester Struktur besteht. „Diese Struktur wird durch einzelne Datenfelder definiert, die je nach Datenbank variieren können" (Goemann-Singer/Graschi/Weissenberger 2004, S. 10). Es handelt sich dabei – v. a. im wissenschaftlichen Bereich – in der Regel um Anbieter von kostenpflichtigen Fachdatenbanken und Fachinformationen im Internet. Synonym gebraucht werden die Begriffe „Datenbankanbieter", „Information Retrieval Service" oder „Host", wobei letzterer die technische Seite betont, nämlich das Rechenzentrum, von dem eine Datenbank aus bereitgestellt wird.

Datenbanken ermöglichen es dem Informationssuchenden zur Eingrenzung seiner Recherche, Suchbegriffe auf bestimmte Dokumentteile anzuwenden. In diesem allgemeinen Sinne werden im vorliegenden Buch auch in anderen Kapiteln Datenbanken beschrieben. Im Kapitel 4.8 (Fachpresse) beispielsweise beim Zugriff auf Fachzeitschriften oder in Kapitel 4.2. (Bibliotheken und Bibliotheksverbünde), in dem auf die jeweiligen OPACs eingegangen wird.

Im Folgenden geht es speziell um solche Datenbanken, die nur in elektronischer Form vorliegen und wirtschaftswissenschaftliche Inhalte präsentieren.

Grundsätzlich können drei Arten von Datenbanken entsprechend der angebotenen Informationstypen unterschieden werden:

- **Referenzdatenbanken** (auch Literaturdatenbanken oder bibliographische Datenbanken genannt), die Verweisinformationen auf gefundene Dokumente anzeigen (bibliographische Informationen und ggf. Abstracts) – so ist beispielsweise jeder OPAC eine Referenzdatenbank.
- **Faktendatenbanken**, die Informationen statistischer oder alphanumerischer Art direkt enthalten (Tabellen, Berichte, Firmeninformationen)

sowie

- **Volltextdatenbanken**, die direkten Zugriff auf komplette Dokumente anbieten

(vgl. Brink 2007, S. 82; Goemann-Singer/Graschi/Weissenberger 2004, S. 10).

Allerdings lassen sich nicht alle Datenbanken eindeutig zuordnen, da sie teilweise Elemente aus verschiedenen Datenbankarten vereinen. In ihnen sind dann z. B. Tabellen, Graphiken UND Text zusammen zu finden (vgl. Goemann-Singer/Graschi/Weissenberger 2004, S. 10).

Die **Auswahl der geeigneten Datenbank** für eine konkrete Recherche hängt von folgenden Aspekten ab:

- **Informationsart**: Welche Informationsart wird gesucht? Volltextinformation oder Referenzinformation? Lediglich eine Literaturangabe für die weiterführende Suche in der Bibliothek oder der komplette Text einer Publikation.
- **Abdeckung**: Welche Datenbank deckt den gesuchten Themenbereich bestmöglich ab?
- **Kosten**: Zu welchen Datenbanken besteht ein Zugang aufgrund vorhandener Verträge der Hochschule bzw. gibt es die Möglichkeit, pro Anfrage zu bezahlen?

Für die Recherche in Datenbanken gibt es keine einheitliche Abfragesprache. Grundsätzlich gibt der Suchende einen oder mehrere Suchbegriffe in entsprechende Suchfelder ein und/oder arbeitet mit entsprechenden Suchtechniken wie den Boolschen Operatoren, der Trunkierung etc. (vgl. Kapitel 3.3.3). „Nur wenn sich exakt diese Zeichenfolge in der Datenbank (bzw. in den definierten Feldern der Datenbank) befindet, wird ein Treffer gefunden. Die Anzahl der Treffer gibt an, in wie vielen Datensätzen der gesuchte Begriff gefunden wurde“ (Brink 2007, S. 82). Wenn keine Treffer gefunden werden, gilt es, die Schreibweise zu kontrollieren (Schreib- oder Tippfehler) oder auch mit synonymen Begriffen zu arbeiten.

Speziell im wirtschaftswissenschaftlichen Umfeld gibt es zahlreiche Datenbankanbieter, die – teilweise bereits seit Jahrzehnten – im Markt etabliert sind und sich den Gegebenheiten des Internetzeitalters angepasst haben.

4.6.1 Wirtschaftsorientierte Datenbanken

Im Folgenden wird eine Auswahl für den Wirtschaftsbereich relevanter Vertreter von Datenbanken kurz vorgestellt. Die Grenzen zwischen reinen Datenbanken und Wirtschaftsportalen (vgl. Kapitel 4.7 z. B. SpringerLink – *www.springerlink.com*) oder auch Bibliothekskatalogen (vgl. Kapitel 4.2, Onlinekatalog der Zentralbibliothek für Wirtschaftswissenschaften (ZBW) – *www.econis.de*) sind dabei für den Benutzer fließend.

- **Genios – *www.genios.de***

Genios ist ein Unternehmen der Frankfurter Allgemeinen Zeitung und der Verlagsgruppe Handelsblatt und einer der führenden Anbieter für deutschsprachige Wirtschaftsinformationen im Internet. Genios bietet in mehreren Datenbanken unter einem „Dach“ Zugriff auf Informationen zu Presse, Firmen, Branchen, Wirtschaft und Politik, Management und Wissenschaft.

Das Portfolio umfasst (Stand 2010) mehr als 1.000 Quellen von mehr als 250 namhaften Verlagen und Contentpartnern – von Firmendatenbanken über Tages- und Wochenzeitschriften, Fachzeitschriften, Personeninformationen bis hin zu Markt- und Branchenstudien und E-Books.

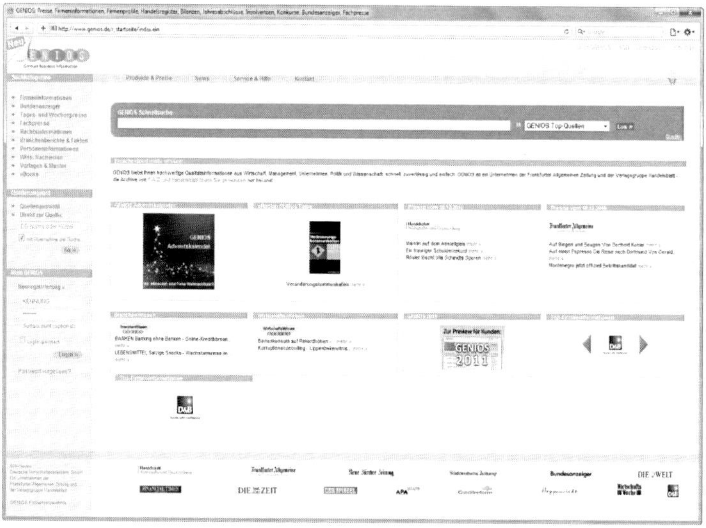

Abb. 50: Website der Datenbank Genios (www.genios.de, Stand 19.12.2010)

- **BLISS Betriebswirtschaftliche Literatur –** ***http://www.genios.de/r_profisuche/BLIS.ein?WID=72212-6520820-91308_11:***

BLISS wird ebenfalls von Genios angeboten und stellt speziell betriebswirtschaftliche Literaturangaben und Kurzreferate zur Verfügung. Ausgewertet werden rund 350 deutsch- und englischsprachige Zeitschriften sowie Monographien.

- **Dialog –** ***www.dialog.com:***

Dialog wurde 1965 von der Firma Lockheed gegründet, 1972 verkauft und gilt als der erste kommerzielle Online-Service im engeren Sinne. Dialog ist Anbieter von Online-Datenbanken, die bevorzugt von professionellen Information Brokern (oder Rechercheuren) in Anspruch genommen werden. Dialog ist einer der Weltmarktführer unter den Datenbankanbietern.

- **Datastar** – ***www.datastar.net:***

Ähnlich wie Dialog ist Datastar schon lange am Markt und weist ein vergleichbares Angebot auf. Datastar gehört mit Dialog und LexisNexis zu den „Grand Seigneurs“ der Branche, jedoch sind die Anteile all dieser Datenbanken im deutschsprachigen Raum eher gering.

- **FIZ Technik** – ***www1.fiz-technik.de:***

Seit 1972 sammelt das FIZ Technik weltweites Ingenieurwissen in seinen Datenbanken, erschließt es mit semantischen Technologien und bereitet es für zielgenaues Auffinden in modernen Suchsystemen auf. Als Quelle dienen Fachzeitschriften, Konferenzberichte, Dissertationen und zunehmend elektronische Publikationen. Die integrierte Datenbank TEMA mit Veröffentlichungen aus ingenieurwissenschaftlichen Fachzeitschriften, Forschungs- und Konferenzberichten, Büchern und Dissertationen zählt zu den bedeutenden Wissensquellen der Technik.

- **getAbstract** – ***www.getabstract.com:***

getAbstract präsentiert via Internet Zusammenfassungen herausragender Wirtschaftsbücher. Geliefert werden Zusammenfassungen mit den Kernaussagen und Grundgedanken aktueller, relevanter und innovativer Bücher. Buchzusammenfassungen stehen in den Sprachen Englisch, Deutsch und Spanisch zur Verfügung. getAbstract ist als eigenständiges Unternehmen tätig, ohne direkte Anbindung an ein Verlagshaus. Es agiert im weltweiten Netzwerk mit fast 400 Verlagspartnern.

Abb. 51: Website der Abstractdatenbank getAbstract (www.getabstract.com, Stand 19.12.2010)

- **Kompass –** ***www.kompass.com:***

Kompass ist eine Faktendatenbank und bietet Informationen über Produkte, Dienstleistungen und Führungskräfte von ca. 2 Millionen Firmen weltweit. Der Zugang und der Abruf der Firmenadressen ist kostenfrei. Für den Zugriff auf die kompletten Firmenprofile mit Angaben zu wirtschaftlichen Daten, Führungskräften und Geschäftstätigkeit kann ein kostenpflichtiges Abonnement erworben werden.

- **LexisNexis –** ***www.lexisnexis.de:***

LexisNexis kommt ursprünglich aus dem Rechtsbereich, hat sich aber zunehmend auch wirtschaftsrelevanten Fragestellungen geöffnet. So bietet ‚LexisNexis Wirtschaft' Recherchemöglichkeiten nach aktuellen Wirtschafts- und Unternehmensdaten: Wirtschafts- und Bilanzinformationen, Firmenprofile und Pressemeldungen.

- **Perinorm** – ***www.perinorm.com:***

Perinorm ist eine Referenzdatenbank, die bei der Suche und Verwaltung von Normen und technischen Regeln im internationalen Umfeld hilfreich ist.

- **STN** – ***www.stn-international.de:***

Ähnlich wie FIZ Technik bietet STN International Informationen in den verschiedensten wissenschaftlichen Bereichen mit Schwerpunkt ‚Technik'. Die STN-Datenbanken werden gemeinschaftlich von Chemical Abstract Service (CAS, eine Unterorganisation der amerikanischen Chemischen Gesellschaft) und FIZ Karlsruhe weltweit betrieben. STN-International ist eine englischsprachige Plattform mit verschiedenen Suchmöglichkeiten, die eine Fülle von Wirtschaftsinformationen anbieten – Zeitschrifteninformationen, wissenschaftliche Informationen, vor allem auch Patentinformationen. Die Volltexte der gefundenen Dokumente können – je nach Klassifizierung des Dokuments durch den Anbieter – kostenfrei oder gegen Gebühr heruntergeladen werden.

- **WISO** – ***www.wiso-net.de*****:**

WISO, eine weitere Genios-Tochter, ist eine deutschsprachige Zusammenstellung von Literaturnachweisen zu Wirtschafts- und Sozialwissenschaften. WISO gibt Zugriff auf viele verschiedene Datenbanken und Literaturnachweise, Volltexte aus Fachzeitschriften, Artikel aus der Tages- und Wochenpresse und Unternehmensinformationen bereit. Der Zugriff ist kostenpflichtig – ist man Mitglied einer Hochschule, kann man die Hochschullizenz kostenfrei nutzen soweit vorhanden.

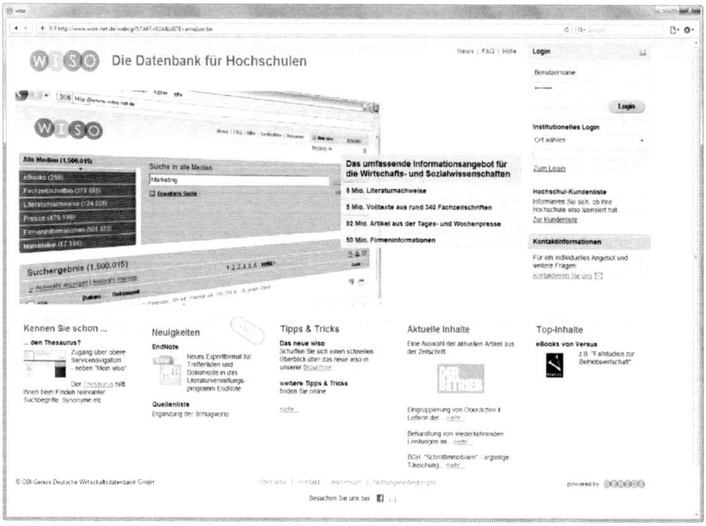

Abb. 52: Website der Datenbank WISO (www.wiso-net.de, Stand 19.12.2010)

4.6.2 Zugriff auf Datenbanken

Noch vor einigen Jahren waren die Inhalte der vorangehend beschriebenen professionell betriebenen Wirtschaftsdatenbanken nur auf der Basis von Verträgen und hohen Nutzungsgebühren erreichbar. So beschränkte sich die Nutzung dieser Datenbanken auf ‚Rechercheprofis', die Anfragen gegen Gebühren beantworteten. Mit dem Siegeszug des Internets wurden jedoch immer mehr Informationen einfach und kostenfrei zugänglich. Darauf haben die wichtigsten Datenbankanbieter mittlerweile reagiert und viele bieten ihre Produkte – in der Regel hochwertige Wissenschaftsinformationen, die ihren Preis verdienen – auch gegen geringe Gebühren, ohne vorherige Anmeldung und gegen unkomplizierte Bezahlung per Kreditkarte an.

Zugriff über Hochschulbibliotheken

Hochschulbibliotheken haben in der Regel Verträge mit den Anbietern von Wirtschaftsdatenbanken geschlossen – teilweise in

Form pauschaler Festpreisabkommen, über die die Nutzung für den Einzelnen an seinem Arbeitsplatz erst möglich wird.

Manche Hochschulbibliotheken bieten lizenzierte Datenbanken über eigene Portale auf ihrer Website an – häufig ein guter erster Einstieg in die Suche in Datenbanken. Daher ist es sinnvoll, sich vor Ort über die Angebote in der eigenen Hochschulbibliothek kundig zu machen und die Recherche hier zu beginnen:

Abb. 53: Zugang zu lizenzierten Datenbanken am Beispiel der Universität Dortmund (http://www.ub.uni-dortmund.de/ Fachinformation/datenbanken_fb.html, Stand 19.12.2010)

- **BASE – *www.base-search.net:***

BASE ist eine Suchmaschine speziell für (im Sinne des Open Access) frei zugängliche wissenschaftliche Dokumente im Internet. Betreiber der Suchmaschine BASE ist die Hochschulbibliothek Bielefeld.

Zugriff über DBIS

Das Datenbank-Infosystem (DBIS) ist ein kooperativer Service zur Nutzung wissenschaftlicher Datenbanken. Die Datenbanken werden unter einer einheitlichen Benutzeroberfläche nach Fächern sortiert angeboten, eine alphabetische Übersicht ist ebenfalls konfigurierbar.

DBIS wurde mit finanzieller Unterstützung des Bayerischen Staatsministeriums für Wissenschaft, Forschung und Kunst und der Deutschen Forschungsgemeinschaft (DFG) von der Hochschulbibliothek Regensburg entwickelt.

Inzwischen wird das Datenbank-Informationssystem als Nutzerservice in 230 Bibliotheken eingesetzt (Stand Juni 2010). Momentan umfasst das Datenbankinfosystem knapp 9.000 Einträge, davon knapp 1.000 zum Bereich Wirtschaftswissenschaften. Eine detaillierte Suchmaske ermöglicht eine detaillierte Suchanfrage.

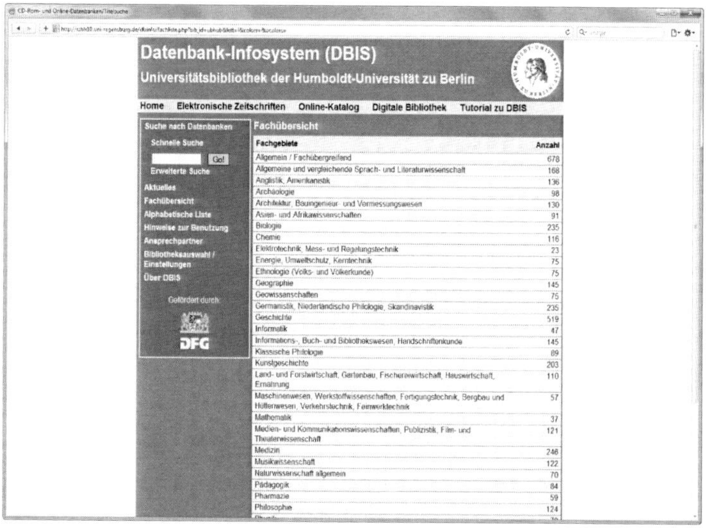

Abb. 54: Eine Datenbank-Infosystem (DBIS)-Oberfläche nach Fächern sortiert – hier am Beispiel der Hochschulbibliothek der Humboldt-Universität Berlin (http://rzblx10.uni-regensburg.de/dbinfo/ fachliste. php?bib_id=ubhub&lett=l&colors=&ocolors=: , Stand 19.12.2010)

4.6.3 Zusammenfassung

Als Datenbank wird eine Sammlung von Informationen bezeichnet, die aus einzelnen Datensätzen mit jeweils gleicher, fester Struktur besteht. Diese Struktur wird durch einzelne Datenfelder definiert, die je nach Datenbank variieren können. Für die wissenschaftliche Informationsrecherche sind professionelle Wirtschaftsdatenbanken von besonderem Interesse. Grundsätzlich können Referenzdatenbanken, die Verweisinformationen auf gefundene Dokumente anzeigen, Faktendatenbanken mit statistischen Informationen und Datenbanken, die direkten Zugriff auf das komplette Dokument anbieten, unterschieden werden. Wichtige Wirtschaftsdatenbanken sind u. a. Genios, FIZ Technik oder auch Dialog. Die Nutzung von Datenbanken ist vielfach kostenpflichtig. Hochschulen haben häufig Verträge mit Datenbankanbietern und bieten kostenfreie Zugänge – über ihre jeweiligen Bibliotheks-Websites, aber auch zentral über das deutschlandweit sehr verbreitete Datenbank-Infosystem DBIS.

Weiterführende Information und Literatur:

Brink (2007)
Goemann-Singer/Graschi/Weissenberger (2004)
Stock (2007)

4.7
Wirtschaftsportale

Nach dem Lesen dieses Kapitels werden Sie

- den Unterschied zwischen einer Suchmaschine und einem Fachportal kennen,
- einen Überblick über verschiedene Arten von Wirtschafts-Fachportalen haben,
- wissen, zu welchem Zweck Sie welches Fachportal aufsuchen können.

4.7 Wirtschaftsportale

4.7 Wirtschaftsportale

„Eine Sonderform für Sucheinstiege in das WWW stellen Portale (Rösch 2001) dar; sie enthalten neben einem Retrievalsystem weitere Funktionen zum Browsen, Personalisierungsoptionen und Kommunikations- und Kollaborationsmöglichkeiten“ (Stock 2007, S. 109). Unter dem Begriff ‚Wirtschaftsportal' versteht man Websites, die Informationen rund um die Themen ‚Wirtschaft', ‚Finanzen', ‚Industrie' und somit auch verschiedene Zugänge zu wirtschaftsrelevanten Themen anbieten. Dies können sowohl Presseartikel, bibliographische Informationen, Firmendaten, Markt- und Brancheninformationen wie auch redaktionell eigens für das Portal erstellte Beiträge sein. Teilweise überschneidet sich daher das Profil von Wirtschaftsportalen mit dem anderer Informationsquellen – z. B. dem von Datenbanken (siehe Kapitel 4.6) oder dem von Webkatalogen (siehe Kapitel 4.5.4). Ein Wirtschaftsportal ist somit ein sehr offenes Angebot und als Bündelung von wirtschaftsrelevanten Daten verschiedenster Herkunft und Art zu sehen.

Je nach Portalanbieter kann man verschiedene Arten von Wirtschaftsportalen unterscheiden:

- regional verwurzelte (mit v. a. Informationen aus dem Mittelstand),
- universitär beheimatete (die die universitätsinternen wissenschaftlichen Wirtschaftsinformationen bündeln) und
- kommerziell agierende (also in der Regel kostenpflichtige) Wirtschaftsportale.

4.7.1 Regionale Wirtschaftsportale

„Regional" agierende Wirtschaftsportale werden häufig von den Industrie- und Handelskammern (IHK) oder den Regierungen der Bundesländer angeboten. Sie haben zum Ziel, den jeweils ansässigen Firmen eine Plattform zu bieten und potenziellen Konsumenten relevante Wirtschaftsinformationen aus der Region zur Verfügung zu stellen. Angesprochen und vertreten ist hier v. a. der Mittelstand. Eine Übersicht über die regionalen Industrie- und Handelskammern und ihre Angebote findet man über *www.diht.de* (vgl. Kapitel 4.4).

Einige Vertreter (Auswahl):

- **Wirtschaftsportal für Thüringen – *www.regioweb.de***
- **Wirtschaftsportal für Nordwest-Deutschland – *www.RegISOnline***
- **Wirtschaftsportal für Hessen – *www.invest-in-hessen.de***
- **Wirtschaftsportal für Niedersachsen *www.wirtschaftsportal-niedersachsen.de***
- **Wirtschaftsportal für die Großregion Saarland, Rheinland-Pfalz, Lothringen, Luxemburg etc. – *www.saarlorlux.biz*:**

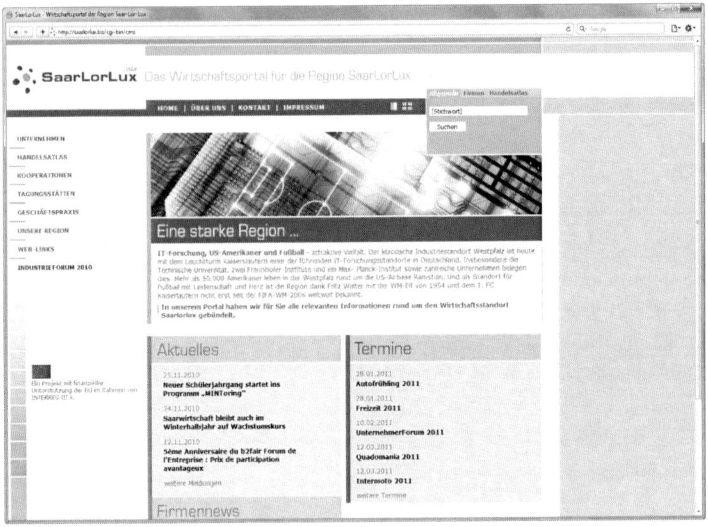

Abb. 55: Wirtschaftsportal der Großregion SaarLorLux (http://saarlorlux.biz/cgi-bin/cms, Stand 19.12.2010)

4.7.2 Wissenschaftliche Wirtschaftsportale

Zahlreiche Hochschulbibliotheken bieten gezielt Wirtschaftsportale, in denen die Studierenden auf einen Blick alle Services und Dienstleistungen finden, die die jeweilige Hochschule im Bereich Wirtschaftswissenschaft anbietet.

Hier einige Beispiele:

- **Universitätsbibliotheken Hagen** – ***www.ub.fernuni-hagen.de/wirtschaft***
- **Universitätsbibliothek Bielefeld** – ***www.ub.uni-bielefeld.de/portals/wiwi***
- **Economists Online** – ***www.economistsonline.org:***

Mit dem so genannten „Open Access Portal" *Economists Online* präsentieren die Anbieter (das Nereus Consortium, ein Netzwerk führender europäischer Informationsanbieter) seit 2010 neben Zeitschriftenartikeln, Konferenzschriften, Arbeitspapieren und Monographien auch Forschungsprimärdaten von Wirtschaftswissenschaftlern sowie deren Publikationslisten.

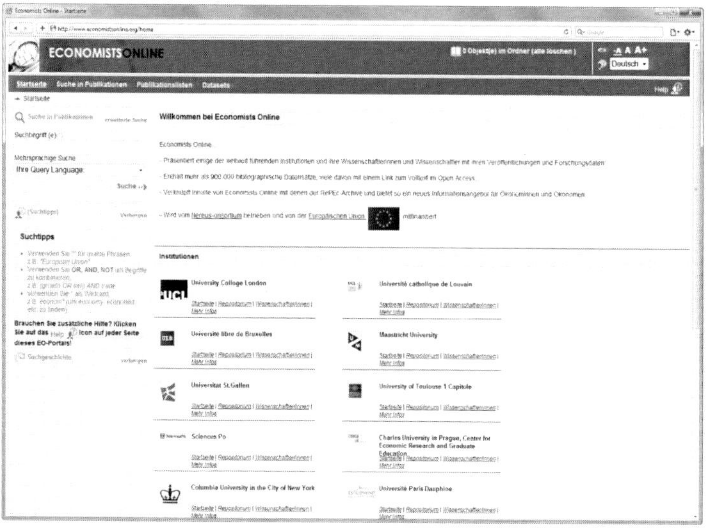

Abb. 56: Wirtschaftsportal Economists Online (www.economistsonline.org, Stand 19.12.2010)

Im universitären Umfeld gibt es zudem Portale, die Daten aus verschiedensten wissenschaftlichen Quellen bündeln und darbieten:

- **Econis** – ***www.econis.de:***

Der Online-Katalog der Deutschen Zentralbibliothek für Wirtschaftswissenschaften ist erreichbar unter *www.econis.de.* Er bietet neben der klassischen Katalogrecherche verschiedene interessante Dienste: ECONIS Select bietet ausgewählte Literaturlisten zu tagesaktuellen Wirtschaftsthemen, ECONIS Select BWL Literaturlisten zu betriebswirtschaftlichen Topthemen, EconStor ein digitales Archiv mit wirtschaftswissenschaftlichen Working Papers zum Download und unter EconDesk werden Fragen kostenfrei beantwortet.

- **WiWi-Online** – ***www.wiwi-online.de:***

WiWi-Online wendet sich an Studierende, Absolventen und Lehrende der Wirtschaftswissenschaften und angrenzender Fachbereiche. Auf WiWi-Online finden sich neben wirtschaftswissenschaftlichen Fachartikeln Informationen verschiedenster Art, also auch

Wirtschaftsdaten, Stellenangebote, Professorenprofile, Newsletter, Foren und vieles andere mehr.

Abb. 57: Wirtschaftsportal WiWi-Online (www.wiwi-online.de, Stand 19.12.2010)

4.7.3 Kommerzielle Wirtschaftsportale

Des Weiteren gibt es eine Reihe kommerziell orientierter Wirtschaftsportale, die sich als Anbieter übergeordneter Wirtschaftsinformationen verstehen und teilweise auch als Stellenmarkt fungieren. Auf ihnen finden sich meist Werbebanner zur Finanzierung. Häufig berechtigt erst eine kostenlose Registrierung zur Nutzung.

- ***SpringerLink – www.springerlink.de:***

Der Springer Verlag Heidelberg bietet mit *www.springerlink.de* eine im Wirtschaftssektor stark nachgefragte Volltextdatenbank für verlagseigene Zeitschriften und Bücher. Hier werden u. a. über 2.500 E-Journals und über 40.000 Bücher online und im Volltext angeboten (Stand Oktober 2010). Die angebotenen Volltexte können als Download gekauft werden, soweit man nicht über einen Institutionszugang zu *www.springerlink.de* verfügt.

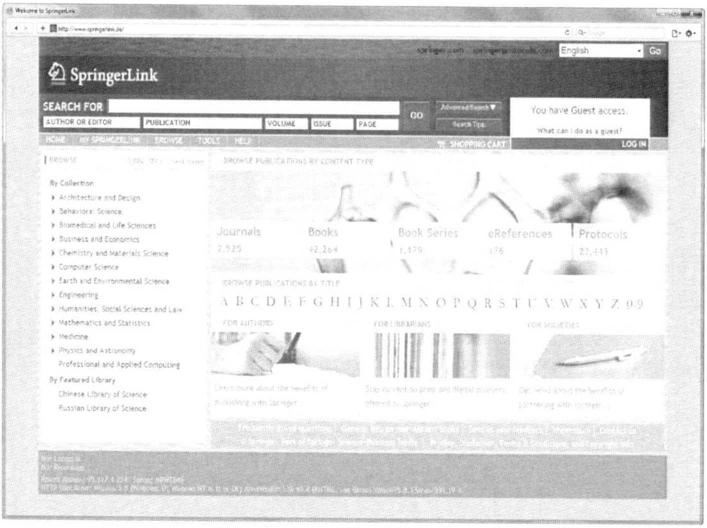

Abb. 58: Wirtschaftsportal SpringerLink (www.springerlink.de, Stand 19.12.2010)

- **Genios –** ***www.genios.de:***

Genios ist ein Unternehmen der Frankfurter Allgemeinen Zeitung und der Verlagsgruppe Handelsblatt und einer der führenden Anbieter für deutschsprachige Wirtschaftsinformationen im Internet. (vgl. Kapitel 4.6). Genios bietet vielfältige Zugänge und Informationen zu Presse, Firmen, Wirtschaft und Politik, Management und Wissenschaft. Das Portfolio umfasst zahlreiche Quellen von vielen namhaften Verlagen und Contentpartnern, z. B.:

- Firmendatenbanken u. a. von Bundesanzeiger, Creditreform und Hoppenstedt (vgl. unten),
- Bonitätsauskünfte der Creditreform für Deutschland, Österreich und die Schweiz,
- Tages- und Wochenzeitungen wie F.A.Z., Handelsblatt, Börsen-Zeitung, SZ, Spiegel, Focus,
- Fachzeitschriften,
- Literaturnachweise aus ausgewerteten Zeitschriften,
- Personeninformationen, Markt- und Branchenstudien,
- E-Books.

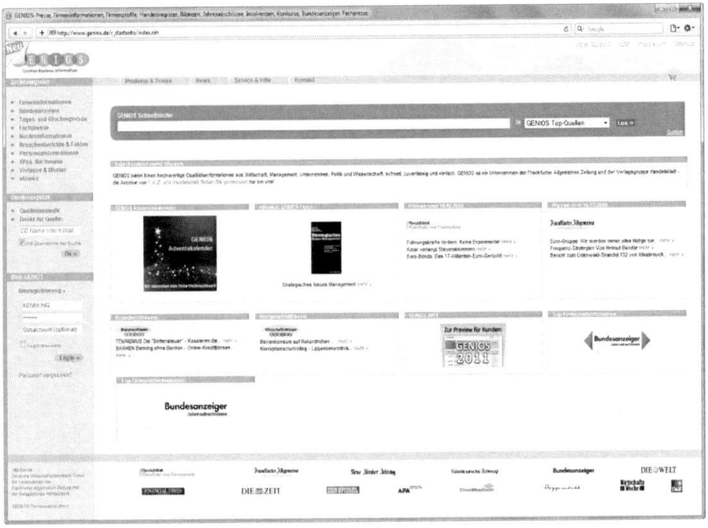

Abb. 59: Wirtschaftsportal Genios (www.genios.de, Stand 19.12.2010)

Weitere Vertreter (Auswahl):

- ***business-on.de:***

Das Wirtschaftsportal *business-on.de* bietet Lizenznehmern (Verlagen, Redaktions- oder Journalistenbüros) die Möglichkeit, unter einem Dach Wirtschaftsinformationen einer Region vorzustellen.

- **Competence Site – *www.competence-site.de:***

Competence Site wendet sich mit seinem Portalangebot als Netzwerk v. a. an Manager und Nachwuchskräfte

- **Das Fachportal für Wirtschaft und Technik – *www.industrie.de:***

Dieses Fachportal ist ein Internetangebot des Kohlhammer Verlags und bietet überwiegend Firmendaten und Presseartikel aus Industrieunternehmen an.

- **Finanzinfos – *www.finanztreff.de* und *www.finanzen.net:***
Auf diesen beiden Websites finden sich v. a. Informationen zu allen Arten von Geldanlagen wie Aktien, Anleihen, Zertifikaten, Fonds. So werden hier auch aktuelle Tageskurse und Marktbewegungen dokumentiert.

- **German Business – *www.german-business.de:***
German Business ist das selbst ernannte „Who is who“ der deutschen Wirtschaft. Die dahinter stehende German Business Firmengruppe betreibt dieses kommerzielle Portal seit 1996. Mittlerweile haben sich hier über 200.000 Unternehmen mit Informationen rund um ihre Produkte und Dienstleistungen eingetragen.

- **Hoppenstedt Verlag – *www.hoppenstedt.de*:**
„Der Hoppenstedt“ war schon in Buchform eine Institution für jeden Wirtschaftsinteressierten. Der Hoppenstedt Verlag bietet über sein Portal Online-Zugang zu Firmendaten sowie Fachzeitschriften und Produktdatenbanken, in der Regel kostenpflichtig.

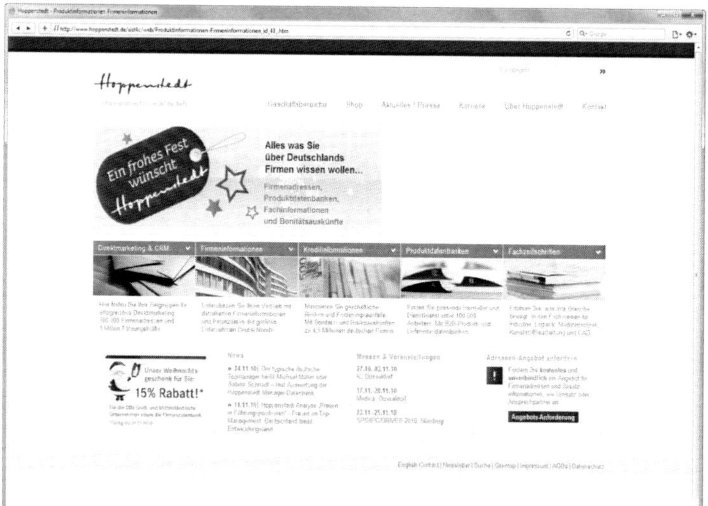

Abb. 60: Wirtschaftsportal Hoppenstedt (www.hoppenstedt.de, Stand 19.12.2010)

- **Inomics** – ***www.inomics.com:***

Inomics ist ein umfassendes Portal in englischer Sprache mit Presseinformationen, Job- und Kursangeboten und Konferenzdaten für die Wirtschaft.

- **Legios** – ***www.legios.de:***

Legios ist das gemeinsame Angebot von juris und dem Verlag Dr. Otto Schmidt zum Wirtschafts- und Steuerrecht. Es verknüpft die renommierten Kommentare, Zeitschriften und Handbücher des Verlags mit den hochwertig aufbereiteten Entscheidungen und Gesetzen von juris.

- **Statista** – ***http//:de.statista.com:***

Statista ist laut Eigenangaben das führende Statistik-Portal in Deutschland (*http//:de.statista.com*, Stand 05.08.2010). Es bietet Statistiken aus über 500 Quellen und aggregiert Statistiken zu Branchen, Unternehmen und aktuellen Themen aus zahlreichen Studien, aktuellen Umfragen und Quellen. Für Hochschulangehörige gibt es seit Mai 2010 einen kostenlosen Zugang, wenn die Hochschule einen entsprechenden Link gesetzt hat.

- **VisAVis** – ***www.visavis.de:***

VisAVis ist ein Angebot der VisAVis Verlagsgesellschaft und bietet aktuelle Informationen zu Unternehmen und Märkten, Finanzen, IT-Welt, Wissenschaft.

4.7.4 Zusammenfassung

Wirtschaftsportale sind Websites mit einem expliziten Fokus auf den Themen Wirtschaft, Finanzen und Industrie. Die Angebote reichen von Presseartikeln, bibliographischen Informationen, Firmendaten, Markt- und Brancheninformationen bis zu eigens für das Portal erstellten Beiträgen. Foren, News, Termine etc. runden die Angebote in der Regel ab. Wirtschaftsportale haben unterschiedliche Zielgruppen (Studierende, Wissenschaftler, Führungskräfte und Manager), unterschiedliche Reichweiten (regional, überregional) und unterschiedliche Betreiber (öffentlich, privatwirtschaftlich). Wichtige Vertreter regional orientierter Portale sind die Seiten der Industrie- und Handelskammern. Economists Online wird von der Deutschen Zentralbibliothek für Wirtschaftswissenschaften betrieben. Die Portale SpringerLink, Genios und German Business sind verbreitete Beispiele für kommerziell orientierte Wirtschaftsportale.

Weiterführende Literatur und Information

Brink (2007)
Goemann-Singer/Graschi/Weissenberger (2004)
Schnock (2008)

4.8
Fachpresse

Nach dem Lesen dieses Kapitels werden Sie

- einen Überblick über relevante Zeitschriften im Wirtschaftsbereich haben,
- wissen, wo Sie wirtschaftsorientierte Zeitschriftenartikel finden können,
- wissen, wie Sie auf diese zugreifen können.

4.8 Fachpresse

4.8 Fachpresse

In diesem Kapitel geht es um Periodika, also regelmäßig (täglich, wöchentlich, monatlich, quartalsmäßig etc.) erscheinende Publikationen. Der Fokus liegt dabei auf solchen Publikationen, die Fachthemen für Wirtschaftswissenschaftler zum Inhalt haben. Eingegangen wird aber auch auf allgemeine Zeitschriften und Zeitungen (Publikumspresse), die Information aus Politik und Wirtschaft bereitstellen und daher auch bei der Recherche nach wirtschaftswissenschaftlichen Themen relevant sein können. Zudem wird erläutert, welche Möglichkeiten es gibt, an diese Zeitschriften oder einzelne Artikel zu gelangen.

Grundsätzlich werden im Bereich der Presse **Publikums**- und **Fachzeitschriften** unterschieden:

- **Publikumszeitschriften** haben eine potenziell breite Leserschaft und daher auch eine hohe Verbreitung. Sie werden unterteilt in **‚General Interest'**- und **‚Special Interest'-Zeitschriften**. General Interest-Zeitschriften bedienen ein breites Publikum mit universellen Themen – hierzu können weit verbreitete Nachrichten- und Wirtschaftsmagazine wie „Stern" und „Spiegel" gezählt werden. Special Interest-Publikumszeitschriften wenden sich an fachinteressierte Lesergruppen und widmen sich vorwiegend einem speziellen Themenbereich (z. B. Auto, Sport, Reisen etc.).
- **Fachzeitschriften** hingegen wenden sich an ein professionell interessiertes Publikum, das sie zum Zweck der beruflichen und fachlichen Information und Weiterbildung konsumiert.

Sie vermitteln – i. d. R. aktuelles – Fachwissen. Innerhalb der Fachzeitschriften wird unterschieden in die praxisorientierten, die eher aus der beruflichen Praxis berichten und auf diese abzielen, und die wissenschaftlichen Fachzeitschriften, die Ergebnisse und Tendenzen aus der Forschung des jeweiligen Fachgebiets verbreiten.

Wie auch in Kapitel 3 dargestellt, sind Fachzeitschriften meist aktueller als Bücher. Die wissenschaftliche Diskussion spielt sich in der Regel in den wissenschaftlichen Fachzeitschriften ab. Hier werden aktuelle Forschungsergebnisse präsentiert und diskutiert.

Beide Periodikaarten – Fachzeitschriften wie Publikumszeitschriften – erscheinen wöchentlich, monatlich oder in sonstigen Abständen traditionell in **gedruckter Form**. Zugriff erhält man, indem man sie im (Fach-)zeitschriftenhandel erwirbt oder direkt beim Verlag abonniert. Alternativ kann man sie in einer Bibliothek ausleihen oder einsehen, wenn sie dort verfügbar sind. Nahezu alle Periodika erscheinen jedoch mittlerweile auch **online**, manche Fachperiodika werden ausschließlich in der Online-Variante verbreitet.

Wie bei herkömmlichen Zeitschriften gehören zu einer elektronischen Zeitschrift auch eine spezielle Online-Redaktion, ein Herausgeber (in der Regel ein Verlag) und Autoren. In der Literatur werden online erscheinende Zeitschriften häufig auch als **E-Journals** oder **E-Papers** bezeichnet. Man kann folgende Formen entsprechend ihren Inhalten unterschieden:

- E-Journals, bei denen nur die Inhaltsverzeichnisse (also die bibliographischen Angaben) zu den eigentlichen Artikeln zugänglich sind,
- E-Journals, bei denen dazu auch Abstracts zu den Artikeln angeboten werden,
- und E-Journals, in denen Artikel im elektronischen Volltext zur Verfügung gestellt werden.

E-Journals werden von den Verlagen selbst oder über verschiedene Anbieter veröffentlicht. Manche Anbieter stellen die E-Journals mehrerer Verlage unter einer einheitlichen Benutzeroberfläche zur Verfügung. Die Zugriffsberechtigungen werden von Verlagen und Anbietern zu unterschiedlichen Bedingungen vergeben.

Außer den aktuellen Exemplaren gibt es auf den entsprechenden Websites in der Regel auch Archivinformationen, also Zugriff auf ältere Exemplare des Periodikums. Die Zugriffsmodalitäten variieren hier je nach E-Journal-Anbieter.

4.8.1 Publikumszeitschriften mit Special Interest ‚Wirtschaft'

Im Folgenden wird die wichtigste **allgemeine Wirtschaftspresse** kurz charakterisiert. Im Gegensatz zu wirtschaftswissenschaftlicher Fachpresse (siehe Kapitel 4.8.2) berichtet sie über aktuelle Themen, die diskutiert und von verschiedenen politischen Seiten beleuchtet werden. Diese Publikationen erscheinen meist in gedruckter **und** Online-Variante, jeweils mit getrennt ausgewiesenen Redaktionen:

Wichtige Vertreter aus dem Bereich ‚Tageszeitungen' (Auswahl):

- **Financial Times –** ***www.ftd.de:***

Die Financial Times (FT) erscheint in London an sechs Wochentagen. Sie bietet neben Finanzthemen auch viele politische Artikel. Ihr Ursprung reicht bis 1884 zurück. Seit 2000 erscheint auch eine Financial Times Deutschland (FTD), die 2008 von Gruner + Jahr übernommen wurde.

Abb. 61: Financial Times online (www.ftd.de, Stand 19.12.2010)

- **Handelsblatt** – ***www.handelsblatt.com:***

Das Handelsblatt wird von der Verlagsgruppe Handelsblatt in Düsseldorf produziert. Es erscheint seit 1946 ‚börsentäglich' von Montag bis Freitag, beinhaltet ausschließlich Wirtschaftsthemen und gilt als die größte Wirtschafts- und Finanzzeitung. Zudem ist es Pflichtblatt der Wertpapierbörse in Frankfurt und Düsseldorf – das bedeutet, dass es von diesen Börsen als das Medium benannt ist, das alle wichtigen mit der Börse zusammenhängenden Bekanntmachungen unterbreitet. Das Handelsblatt vergibt Preise, veröffentlicht die Liste „Top 50 der Welt" und bietet einen Online-Auftritt mit eigener Online-Redaktion.

- **The Wall Street Journal** – ***http://europe.wsj.com/home-page:***

The Wall Street Journal (Kurzform: The Journal, auch WSJ) ist eine internationale, englischsprachige Tageszeitung, die in New York herausgegeben wird. Sie berichtet hauptsächlich über internationale Wirtschafts- und Finanzthemen, mit dem Schwerpunkt USA. Dort war sie jahrelang die auflagenstärkste Zeitung und ihre Autorenbeiträge gewannen zahlreiche Preise.

Wichtige Vertreter aus dem Bereich ‚Wochenzeitungen' (Auswahl:

- **Die Wirtschaftswoche** – ***www.wiwo.de:***

Die Wirtschaftswoche ist ein wöchentlich erscheinendes Magazin, das es auch in elektronischer Form mit eigener Redaktion gibt. Herausgeber ist die Verlagsgruppe Handelsblatt. Die WirtschaftsWoche erreicht wöchentlich bis zu 1 Million Leser. Fachautoren schreiben über Themen aus den Bereichen Finanzen, Unternehmen, Technik, aber auch Management- und Karrierefragen. Die Wirtschaftswoche ist Pflichtblatt der Wertpapierbörse in Frankfurt und Düsseldorf.

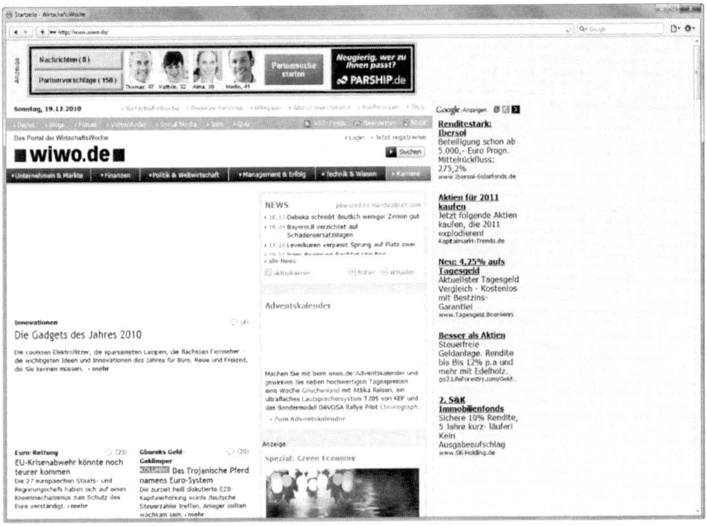

Abb. 62: Wirtschaftswoche online (www.wiwo.de, Stand 19.12.2010)

- **The Economist** – ***www.economist.com:***

The Economist wird wöchentlich in London herausgegeben und gilt aufgrund seiner weltweiten Verbreitung als eines der globalsten und wichtigsten Wirtschaftsmagazine. Im Fokus der Berichterstattung des Economist stehen Politik, Wirtschaft und Finanzen, aber auch Wissenschaft, Technologie und Kunst. Eine Besonderheit ist, dass der Economist seine Artikel ohne Namensnennung der Autoren veröffentlicht.

Wichtige Vertreter aus dem Bereich ‚Monatszeitung' (Auswahl):

- **BrandEins** – ***www.brandeins.de:***

Brand eins erscheint seit 1999 und wurde von früheren Mitarbeitern des manager magazins gegründet. Das Wirtschaftsmagazin erscheint in Hamburg und porträtiert Unternehmen, Unternehmer, enthält Reportagen und Interviews. Jede Ausgabe von BrandEins steht unter einem speziellen Motto.

- **Capital** – ***www.capital.de:***

Das Wirtschaftsmagazin Capital erscheint monatlich seit 1962 im Verlag Gruner und Jahr. Sein Schwerpunkt liegt auf Finanzinformationen. Auch Capital verleiht Preise und erstellt Rankings, so z. B. den Kunstmarkt-Kompass. Die Online-Ausgabe *www.capital.de* enthält neben dem redaktionellen Teil v. a. tagesaktuelle Informationen zu Zins- und Kreditkonditionen sowie weitere Finanzmarktinformationen.

- **manager magazin** – ***www.manager-magazin.de:***

Das manager magazin erscheint monatlich in der Spiegel-Gruppe und legt seinen Fokus auf Beiträge aus und über Unternehmen. 1971 gegründet, vergibt das Magazin Preise an Persönlichkeiten aus der deutschen Wirtschaft oder auch Unternehmen, zudem verschiedene Rankings bzgl. Hochschulen, Lebens- und Karrierebedingungen etc. Die dazugehörige Website *www.manager-magazin.de* bietet wie alle anderen Wirtschaftszeitungs-Internetauftritte Zugang zu aktuellen und zu älteren Heftausgaben, aber auch tagesaktuelle Informationen aus Börse, Wirtschaft, Politik sowie eigenständige Beiträge, die nur in der Online-Präsenz zu finden sind.

4.8.2 Wirtschaftsfachzeitschriften

Im Gegensatz zur eher an praktischen Informationen (Unternehmen, Finanzmarkt, Politik) und aktuellen politischen oder gesellschaftlichen Entwicklungen orientierten Wirtschaftspresse (Kapitel 4.8.1) bieten wirtschafts**wissenschaftlich** ausgerichtete Publikationen Fachinformationen aus Forschung und Wissenschaft an.

Wichtige Vertreter allgemein betriebswirtschaftlicher Fachzeitschriften (Auswahl):

- **Betriebswirtschaftliche Forschung und Praxis –** ***http://www2.nwb.de/portal/content/ir/vp/zeitschriften/zeitschrift_304740.aspx:***

Die BfuP wurde 1949 gegründet, erscheint alle 2 Monate und gehört zu den traditionsreichsten wissenschaftlichen Fachzeitschriften in Deutschland. Sie enthält Beiträge und Meinungen zu betriebswirtschaftlichen Schwerpunktthemen und gilt als Diskussionsforum für Wissenschaft und Praxis. Sie erscheint ausschließlich in gedruckter Form und wird vom Verlag Neue Wirtschafts-Briefe in Herne verlegt.

- **Die Betriebswirtschaft –** ***www.dbwnet.de:***

Diese traditionsreiche Zeitschrift (gegründet 1908) wird seit 1977 in ihrer jetzigen Form vom Schäffer Poeschel Verlag publiziert. Sie bietet wissenschaftliche Aufsätze und Rezensionen sowie überblicksartige Kurzbeiträge („DBW-Stichwort"), die neue Themenfelder und Forschungsgebiete einführen.

Abb. 63: Die Betriebswirtschaft (www.dbwnet.de, Stand 27.10.2010)

Weitere wichtige Vertreter (Auswahl):

- **Journal für Betriebswirtschaft –** ***www.springerlink.com/content/113207/***
- **Zeitschrift für Betriebswirtschaft –** ***www.zfb-online.de/***
- **Das Wirtschaftsstudium. Zeitschrift für Ausbildung, Examen, Berufseinstieg du Fortbildung (wisu) -** ***http://www.wisu.de/***
- **Zeitschrift für betriebswirtschaftliche Forschung –** ***www.fachverlag.de/zfbf/***
- **Wirtschaftswissenschaftliches Studium. Zeitschrift für Ausbildung und Hochschulkontakt (WiSt) -** ***http://rsw.beck.de/rsw/shop/default.asp?site=wist***
- **Der Betrieb –** ***http://www.der-betrieb.de/content/***
- **Zeitschrift für Planung und Unternehmenssteuerung –** ***www.tu-chemnitz.de/wirtschaft/bwl3/ZP/***
- **Die Unternehmung –** ***www.dieunternehmung.ch***

Viele Fachzeitschriften sind auf ein wirtschaftswissenschaftliches Spezialgebiet wie Finanzierung, Personal, Marketing, Führung etc. fokussiert. Diese sind allerdings so zahlreich, dass hier nur einige wenige Beispiele gegeben werden können.

Beispiele ‚spezialisierter' wirtschaftswissenschaftlicher Fachzeitschriften:

- ***Controlling*** – ***http://vahlen.becksche.de/zneu/vahlen/zeitschriften.asp?zeitschrift=Controlling&ebene=2&inhalt=main***
- ***Personal*** – ***http://www.personal-im-web.de/Content/***
- ***Absatzwirtschaft*** – ***http://www.absatzwirtschaft.de/Content/default.aspx***
- ***Zeitschrift für Wirtschaftsrecht*** – ***http://zip-online.de/***
- ***Zeitschrift für Wirtschaftsinformatik*** – ***http://www.wirtschaftsinformatik.de/index.php;sid=457edf42b6f1ad2034beda6d7a9016bc***

Auf folgenden Websites finden sich **Übersichten** über verschiedenste Zeitungen und Zeitschriften:

- ***www.fachzeitungen.de***
- ***www.zeitschriftenlinks.de/wirtschaft-zeitschriften.html***
- ***www.deutsche-fachzeitschriften.de***
- ***www.dfjv.de/fachressorts/wirtschaft/fachzeitschriften.html***
- ***www.chemie.fu-berlin.de/outerspace/verlage.html***

4.8.3 Publikumszeitschriften

Auch die anspruchsvollere Tages-, Wochen- oder Monatspresse hält zuweilen interessante wirtschaftliche Hintergrundinformationen bereit. Viele Zeitschriften und Magazine verfügen zudem über hervorragende Archive. Die jeweiligen Publikationen sind unterschiedlichen politischen Strömungen zuzurechnen, was bei der Bewertung der Informationen beachtet werden sollte. Sie bieten meist eine **gedruckte Ausgabe** sowie ein Nachrichtenportal im **Internet**. Dort kann man i. d. R. kostenfrei aktuelle Informationen finden, aber auch manchmal gegen Gebühr in den jeweils aktuellen Versionen der elektronischen Versionen lesen sowie – ebenfalls manchmal gegen Gebühr – in älteren Ausgaben der Publikationen recherchieren. In den gedruckten Ausgaben finden sich somit teilweise andere Informationen als in den Online-Versionen.

Die Medienlandschaft ist extrem umfangreich und vielfältig verflochten, daher werden im Folgenden einige der renommiertesten und auflagenstärksten Publikationen auf dem deutschen Markt kurz vorgestellt.

Tipp

Um wirtschaftswissenschaftliche Zusammenhänge besser verstehen und einordnen zu können, empfiehlt es sich, sich regelmäßig über Wirtschaftsnachrichten und -entwicklungen auf dem Laufenden zu halten. Auf welche Art und Weise ist natürlich Geschmackssache.

Tageszeitungen (Auswahl)

- **Die Welt** – ***www.welt.de:***

Die Welt erscheint täglich (sonntags als „Welt am Sonntag") und überregional, Herausgeber ist die Axel Springer AG. Von den Siegermächten des Zweiten Weltkriegs in der Britischen Besatzungszone in Hamburg gegründet, erschien sie erstmals 1946 und wurde 1953 von Axel Springer übernommen. Die Welt wird als konservativ eingestuft.

- **Frankfurter Allgemeine Zeitung** – ***www.faz.net:***

Die Frankfurter Allgemeine Zeitung erscheint werktäglich in Frankfurt. Die Linie der Zeitung wird nicht von einem Chefredakteur, sondern von den fünf Herausgebern kollegial bestimmt. Seit Januar 2001 ist die FAZ mit einem eigenständigen redaktionellen Nachrichtenportal *www.faz.net* im Internet vertreten.

- **Süddeutsche Zeitung** – ***www.sueddeutsche.de:***

Die Süddeutsche Zeitung erscheint in München und gilt als größte deutsche überregionale Abonnement-(Werk-)Tageszeitung. Sie beinhaltet zwar Münchner Regionalinformationen, aber auch eine wirtschaftsliberal geprägte Berichterstattung aus nationaler und internationaler Sicht auf Wirtschaft und Politik und legt starken Wert auf kulturelle Berichterstattung. Mit *www.sueddeutsche.de* bietet auch sie eine Mischung aus Nachrichtenportal und Zeitschriftendatenbank.

- **Tageszeitung (TAZ) – *www.taz.de:***

Die „TAZ" wurde 1978 in West-Berlin als linkes, selbstverwaltetes Zeitungsprojekt gegründet. Herausgeberin ist die taz, die tageszeitung. Verlagsgenossenschaft eG, deren Gründung nach einer finanziellen Notlage der Zeitung 1992 nötig war. Nun finanzieren Freiwillige – so genannte ‚Genossen' – die Zeitung mit. Seit 1995 (seinerzeit als erste deutschsprachige Zeitung) stellt die *taz* ihre Inhalte vollständig ins Internet. Die Artikelsuche auf der Archiv-Website ist kostenpflichtig, wobei in den Artikeln der aktuellen Ausgabe kostenlos geblättert werden kann.

Wochenzeitungen und Magazine (Auswahl)

- **Der Spiegel – *www.spiegel.de:***

Das neben Stern und Focus bekannteste und auflagenstärkste deutsche Nachrichtenmagazin wurde 1947 von Rudolf Augstein gegründet und bietet wöchentlich umfassende Informationen zu Wirtschaft, Politik und Kultur. Heute erscheint der Spiegel im Spiegel-Verlag (Hamburg), der auch das manager magazin verlegt. Mit Spiegel Online (*www.spiegel.de*) betreibt der Verlag außerdem eine der reichweitenstärksten Websites im deutschsprachigen Internet.

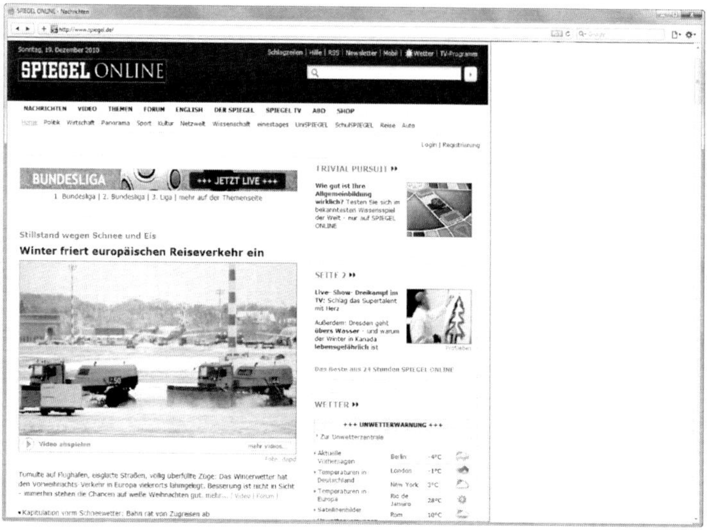

Abb. 64: Spiegel online (www.spiegel.de, Stand 19.12.2010)

- **Focus –** ***www.focus.de:***

1993 als Konkurrenz zum Spiegel gegründet, erscheint Focus im Burda Verlag und hat sich zum Ziel gesetzt, aktuelle Informationen aus allen Lebensbereichen kurz und knapp und mit zahlreichen Illustrationen zu präsentieren. Dieses Ansinnen hat funktioniert und mit weiteren Magazinen und Fernsehsendungen erweiterte die Focus-Redaktion ihr Spektrum über die Jahre zusätzlich. Mit der Online-Ausgabe *www.focus.de* bietet der Verlag ähnlich wie Stern und Spiegel ein Portal mit verschiedensten Informationen an.

- **Die Zeit –** ***www.zeit.de:***

Die Zeit erscheint seit 1946 überregional und wöchentlich in Hamburg und ist eine überregionale deutsche Wochenzeitung, sie gehört aktuell zur Verlagsgruppe Georg von Holtzbrinck. Sie gilt als liberal und adressiert v. a. Akademiker.

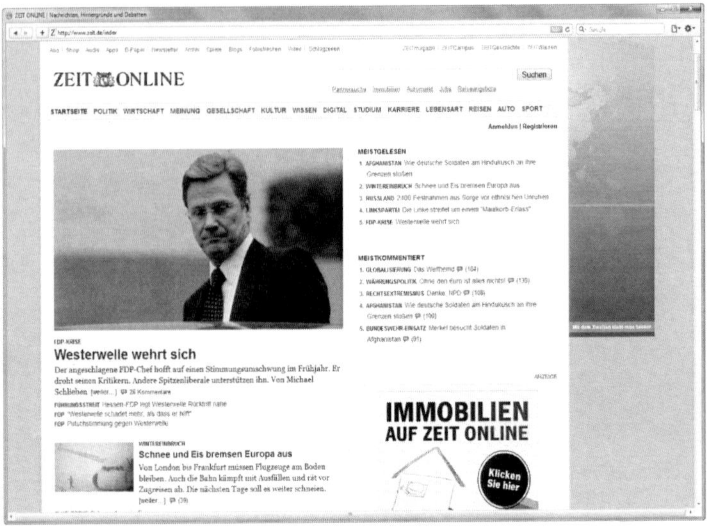

Abb. 65: ZEIT online (www.zeit.de, Stand 19.12.2010)

- **Stern** – ***www.stern.de:***

Der Stern erscheint bei Gruner + Jahr in Hamburg und behandelt vorwiegend politische und gesellschaftliche (auch Boulevard-) Themen, aber auch Boulevardthemen, und legt Wert auf Illustrationen durch Fotos.

4.8.4 Zugriff auf Fachpresse

Es reicht nicht aus, Zeitschriften zu **kennen**, die interessante Beiträge zum gesuchten Thema enthalten – sie müssen auch **zugänglich** sein bzw. man muss wissen, wie man sie sich zugänglich machen kann.

Viele der genannten und der vielzähligen weiteren Wirtschaftszeitschriften sind auch in kompletter elektronischer Form gegen Gebühr über die entsprechenden Verlage oder spezielle Online-Redaktionen verfügbar. Diese Zugänge findet man, indem man nach dem entsprechenden Zeitschriftentitel sucht. Hier können die aktuellen wie auch alte Exemplare eingesehen werden.

Natürlich bietet der Buchhandel mit seinem vielgliedrigen Filialsystem oder auch per Internet Zeitschriften in allen Varianten zum Kauf an (vgl. Kapitel 4.3).

Weitere – teilweise auch kostenfreie – Zugriffe auf Fachpresse bieten folgende Zugangswege:

Zugriff über die „Deutsche Fachpresse" –
www.pressekatalog.de
Einen guten Einstieg in die Beschäftigung mit wirtschaftswissenschaftlicher Fachpresse und auch für die Suche nach konkreten Fachartikeln bietet die „Deutsche Fachpresse", die Abteilung „Fachpresse" des Börsenvereins des Deutschen Buchhandels. Ihr gehören knapp 450 Verlage (vgl. Kapitel 4.4) an, die dort mit ihren Fachzeitschriften vertreten sind. Die Gesamtzahl der deutschen Fachzeitschriften wird derzeit auf etwa 6.000 geschätzt, zu finden auch auf der von diesem Verbund angebotenen Website ***www.pressekatalog.de***. Hier kann recherchiert oder auch abonniert werden – jeweils gegen Gebühr.

Zugriff über Hochschulbibliotheken
Viele Hochschulbibliotheken bieten Zeitschriften in gedruckter Form an, allerdings auch zunehmend den Zugriff auf die elektronischen Versionen an. Hat die Hochschule eine entsprechende Lizenz, können immatrikulierte Studierende die Angebote **kostenfrei** nutzen. Hierzu finden Studierende jeweils gezielt Informationen in ihrer zuständigen Hochschulbibliothek bzw. auf der jeweiligen Bibliotheks-Website.

Zugriff über Die Elektronische Zeitschriftenbibliothek (EZB)
– ***http://rzblx1.uni-regensburg.de/ezeit/:***
Die Elektronische Zeitschriftenbibliothek (EZB) ist ein kooperativer Service von über 500 Bibliotheken, Konsortien und Forschungseinrichtungen vor allem aus dem deutschen Sprachraum, aber auch aus anderssprachigen Ländern wie z. B. der Tschechischen Republik oder der Slowakei. Sie wurde 1997 von der Hochschulbibliothek Regensburg mit dem Projektpartner Hochschul-

bibliothek der Technischen Universität München ins Leben gerufen. Sie verfolgt das Ziel, Nutzern einen einfachen und komfortablen Zugang zu elektronisch erscheinenden wissenschaftlichen Zeitschriften zu bieten. Sie umfasst knapp 50.000 Titel, davon ca. 6.000 reine Online-Zeitschriften, zu allen Fachgebieten. Insgesamt sind fast 24.000 Fachzeitschriften im Volltext frei zugänglich. Sie gilt als eines der umfassendsten unter den frei im Internet zugänglichen Verzeichnissen wissenschaftlicher Zeitschriften. Die Zugänglichkeit wird mit **Ampelsymbolen** dargestellt:

- **Grün**: Zeitschrift enthält frei zugängliche Volltexte
- **Gelb**: Zeitschrift enthält Volltextartikel, auf die Nutzer der zugreifenden Einrichtung Zugriff haben
- **Rot**: Zeitschrift ohne Zugriff auf Volltextartikel

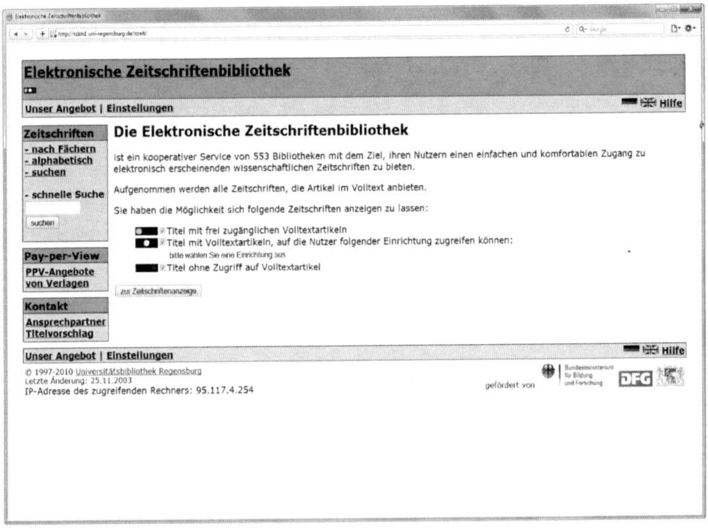

Abb. 66: Website der Elektronischen Zeitschriftenbibliothek – (http://rzblx1.uni-regensburg.de/ezeit, Stand 19.12.2010)

- **Zugriff über die zentrale Zeitschriftendatenbank der Deutschen Nationalbibliothek –** ***www.zdb-opac.de***

Die Deutsche Nationalbibliothek bietet mit der Zeitschriftendatenbank (ZDB) die weltweit größte Datenbank für Titel- und Besitznachweise fortlaufender Sammelwerke, also Zeitschriften, Zeitungen usw. Sie enthält nicht nur Printwerke, auch Titel elektronischer Zeitschriften sind verzeichnet. Teilweise muss man registrierter Benutzer sein, um die Artikel lesen zu können.

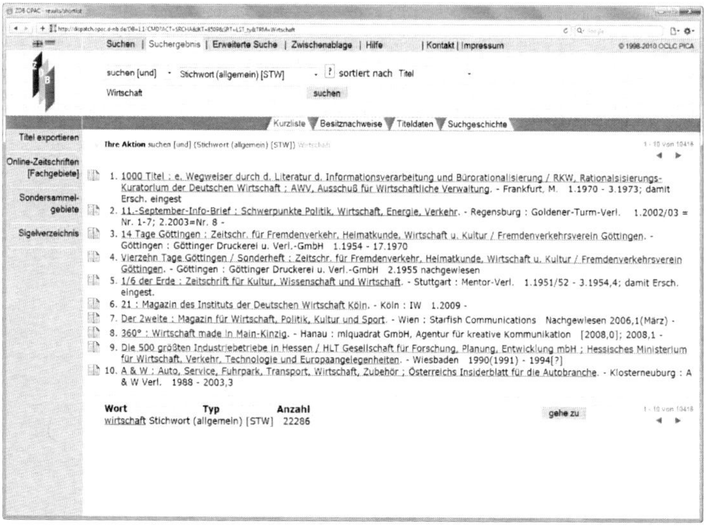

Abb. 67: Die Zeitschriftendatenbank der Deutschen Nationalbibliothek (www.zdb-opac.de, Stand 19.12.2010)

Zugriff über Portale

Verschiedene Verlage bieten Portale an, die neben Unternehmensinformationen, Pressemeldungen etc. auch Zugriff auf ihre eigenen oder auch die Zeitschriften anderer Verlage ermöglichen.

Wichtige Vertreter (Auswahl):

- **Archiv der Presse** – ***www.archivderpresse.de***
- **SpringerLink** – ***www.springerlink.de***
- **Genios Handelsgruppe** – ***www.genios.de***
- **Factiva** – ***www.factiva.de***

Genauere Informationen zu einigen dieser Portale finden sich in Kapitel 4.7.

4.8.5 Funk und Fernsehen

Auch in Funk und Fernsehen können fundierte Beiträge zu wirtschaftswissenschaftlichen Themen in den verschiedensten Formaten gefunden werden: Filme, Wortbeiträge, Bildreportagen.

Regionale Radio- und TV-Sender beleuchten aktuelle Geschehnisse bzgl. der wirtschaftlichen Situation einer Region.

Deutschlandweit und öffentlich-rechtlich widmet sich v. a. der Deutschlandfunk (*www.dlf.de*) in täglich zahlreichen Sendungen aktuellen Wirtschaftsfragen (*www.dradio.de/portale/wirtschaft*). Die meisten können von der *dlf*-Website auch als Podcast heruntergeladen werden.

Abb. 68: Deutschlandradio – Portal zu Wirtschaftsinformationen (www.dradio.de/portale/wirtschaft, Stand 19.12.2010)

Über die Websites von ARD *(www.ard.de)* und ZDF *(www.zdf.de)* findet man die aktuellen Wirtschaftsmagazine und die jeweils vorhandenen Archivbeiträge, ebenso bei den privaten Fernsehanstalten.

4.8.6 Zusammenfassung

Wirtschaftswissenschaftlich wichtige Information ist nicht nur in Büchern, sondern auch in der einschlägigen Fachpresse zu finden. Publikumszeitschriften haben eine potenziell breite Leserschaft und daher auch eine hohe Verbreitung. Fachzeitschriften hingegen wenden sich an ein professionell interessiertes Publikum, das sie zum Zweck der beruflichen und fachlichen Information und Weiterbildung konsumiert. Zu den wichtigsten Vertretern der Wirtschaftsfachpresse gehören Medien wie das Handelsblatt, die Financial Times oder das manager magazin. Zur wirtschaftswissenschaftlichen Fachpresse gehören u. a. Die Betriebswirtschaft, Betriebswirtschaftliche Forschung und Praxis oder das Journal für Betriebswirtschaft. Wichtige Vertreter der Publikumspresse sind DIE ZEIT oder die Frankfurter Allgemeine Zeitung. Recherchiert werden können Beiträge der Fachpresse u. a. über Hochschulbibliotheken oder die Elektronische Zeitschriftenbibliothek (EZB) sowie weitere Portale. Auch die öffentlich-rechtlichen Sender wie das Deutschlandradio bieten einschlägige Wirtschaftsinformationen an.

Weiterführende Literatur und Information

Brink (2007)
Corsten/Deppe (2008)
Pürer/Raabe (2007)
Theissen (2008)

4.9
Enzyklopädien, Lexika und Handwörterbücher

Nach dem Lesen dieses Kapitels werden Sie

- wissen, was Enzyklopädien, Lexika und Handwörterbücher unterscheidet,
- wissen, wann Sie welche dieser Publikationen zurate ziehen sollten.

4.9 Enzyklopädien, Lexika und Handwörterbücher

4.9 Enzyklopädien, Lexika und Handwörterbücher

Zu Beginn der Beschäftigung mit einem Thema, vielfach auch währenddessen, geht es darum, einen Überblick über einen Themenbereich zu erhalten oder konkrete Fragen im Rahmen der fortgeschrittenen Recherche durch ‚Nachschlagen' zu beantworten. Dabei sind Nachschlagewerke von großer Bedeutung.

Das klassische „Nachschlagen" – also ein Nachschlagewerk „in die Hand nehmen" und nach der Definition eines Begriffs suchen – ist im Zeitalter des Internet zwar etwas aus der Mode gekommen, jedoch ist es immer noch ein wirkungsvolles und einfaches Instrument, sich Orientierung zu verschaffen und Wissen anzueignen. Für die wissenschaftliche Recherche ist es ein absolutes Muss, um effektiv zu einschlägigen Informationen zu gelangen.

Man unterscheidet in der Regel zwei Arten von Nachschlagewerken, die **allgemeinen** und die **fachspezifischen** (vgl. u. a. Theissen 2008, S. 39 ff). Während in Kapitel 5 auf die allgemeinen Nachschlagewerke näher eingegangen wird, werden in diesem Kapitel die aus betriebswirtschaftlicher Sicht relevanten fachspezifischen Nachschlagewerke näher beleuchtet.

Aus fachspezifischer Sicht sind v. a. Enzyklopädien, Lexika und Handwörterbücher von Interesse, weil sie einen guten Einstieg in eine neue wissenschaftliche Thematik bieten.

- Die **Enzyklopädie** ist dabei ein nach weit gefassten Schlagwörtern alphabetisch geordnetes Nachschlagewerk mit einer eng begrenzten Anzahl von Artikeln in ausführlicher und wissenschaftlicher Darstellung.

- Im Unterschied dazu enthält ein **Lexikon bzw. Wörterbuch** eine Vielzahl allgemein verständlicher, geraffter und alphabetisch angelegter Darstellungen zu tendenziell eng gefassten Schlagwörtern.
- **Handwörterbücher** schlüsseln mithilfe von Einzelartikeln einen Themenbereich (z. B. Marketing) in viele Teilaspekte auf und stellen in sehr konzentrierter Weise den zum Erscheinungszeitpunkt aktuellen Wissensstand überblickartig dar. Handwörterbücher liefern in der Regel profundere Informationen als Lexika bzw. auch Verweise zu weiterführenden Themen (zur Bearbeitungsbreite und Bearbeitungstiefe vgl. Kapitel 2.3).

Die Online Enzyklopädie **Wikipedia** (*www.wikipedia.org*) ist seit vielen Jahren eines der Leitmedien des Internets und für viele Fragestellungen auch im Rahmen von wirtschaftswissenschaftlichen Problemstellungen eine gerne gewählte erste Orientierungsquelle. Da die Nutzung an Hochschulen aber recht umstritten ist und die Online-Enzyklopädie als offenes Wiki-System außerdem einen umfassenden Anspruch hat, wird sie in Kapitel 5.7 näher beleuchtet.

Im Folgenden finden Sie einen Überblick über fachspezifische Nachschlagewerke, die für die wirtschaftswissenschaftliche Informationsrecherche von großer Bedeutung sind.

Tipp

Oberste Regel bei der Suche in und mit Lexika/Enzyklopädien und Handwörterbüchern sollte immer sein, sich nie auf eine einzige Nachschlagequelle zu verlassen, sondern immer mehrere zu konsultieren.

4.9.1 Enzyklopädien und Lexika

Enzyklopädien und Lexika werden im Folgenden wegen ihrer inhaltlichen Nähe (siehe hierzu auch Kapitel 3) zusammengefasst bzw. zusammen unter dem Begriff „Lexikon" behandelt.

Gedruckte, gebundene (Fach-)Lexika zum Thema „Wirtschaft/Betriebswirtschaft allgemein" werden von vielen großen Wirtschaftsverlagen (vgl. Kapitel 4.3) angeboten. Die meisten werden seit vielen Jahren von den gleichen Herausgebern betreut, in der Regel mit einem großen Mitarbeiterstab – jeder Experte schreibt einen Artikel zu seinem Fachgebiet. Seriöse Fachlexika sind daher wissenschaftlich verlässlich.

Die meisten dieser Nachschlagewerke liegen zurzeit noch in Buchform vor, viele in Kombinationen aus Off- und Online-Ausgaben. Einige Enzyklopädien und Lexika haben im Zeitalter neuer Konkurrenz aus dem Internet ihre gedruckten Aktualisierungsdienste eingestellt oder sich ganz auf das Internet verlegt.

Nachfolgend einige wichtige Vertreter (Auswahl):

- **Gabler Wirtschaftslexikon** – ***http://wirtschaftslexikon.gabler.de:***

Gablers Wirtschaftslexikon gilt seit über 50 Jahren als einer der Klassiker der Wirtschaftsliteratur – seine Themen: Betriebswirtschaft, Volkswirtschaft, Wirtschaftsrecht, Recht und Steuern. Seit 2009 gibt es das Werk als frei zugängliches Online-Angebot mit erweitertem Nutzungsangebot. Das Gabler Wirtschaftslexikon enthält mehr als 25.000 Stichworte, die von Fachexperten geschrieben und kontinuierlich redaktionell geprüft werden. Gabler stellt damit Expertenwissen online, das sich vom wachsenden Angebot ungesicherten Wissens in Form von freien, nicht weiter geprüften Inhalten im Internet wohltuend unterscheidet. Das Gabler Wirtschaftslexikon gibt es nach wie vor als achtbändige Taschenbuchausgabe (17. Auflage 2010), seit 2010 auch als App für iPhone und iPod Touch *(http://itunes.apple.com/de/app/gablerwirtschaftslexikon/id368032352?mt=8).*

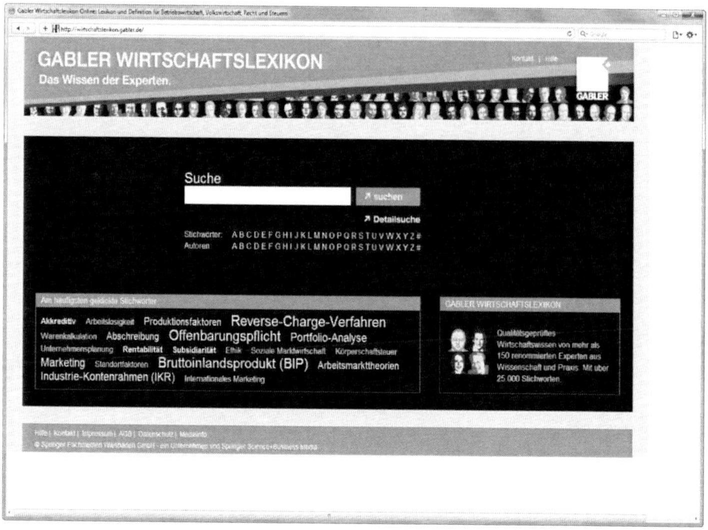

Abb. 69: Gabler Wirtschaftslexikon online (http://wirtschaftslexikon.gabler.de, Stand 19.12.2010)

- **Wirtschafts-Lexikon – Das Wissen der Betriebswirtschaftslehre, 12 Bände,** hrsg. vom Handelsblatt, Schäffer Poeschel Verlag, inkl. kostenlosem Datenbankzugang, 2006

Das Wirtschafts-Lexikon ist ein umfassendes Werk, das wissenschaftlich fundierte Basisinformationen zu allen Bereichen der BWL liefert.

Abb. 70: Das Wirtschafts-Lexikon in 12 Bänden

Weitere Vertreter (Auswahl):

- **BWL-Lexikon** von Franz X. Bea, Roland Helm, Marcell Schweitzer, UTB, 2009
- **Der Brockhaus Wirtschaft**, hrsg. von Gerhard Wahrig u. a., Brockhaus Verlag, 2. überarbeitete. Auflage 2008
- **Das neue Lexikon der BWL. Betriebswirtschaft, Wirtschaftsinformatik, Wirtschaftsrecht**, hrsg. von Klaus Birker, Cornelsen Verlag, 2. überarbeitete und erweiterte Auflage 2005
- **Das neue Lexikon der Betriebswirtschaftslehre**, hrsg. von Siegfried Häberle, Oldenbourg Verlag 2008
- **Gabler Kompakt-Lexikon Wirtschaft**, Gabler Verlag, 9. vollständig überarbeitete und erweiterte Auflage 2006 (3000 Stichwörter)
- **Gabler Kompakt-Lexikon Volkswirtschaft** von Dirk Piekenbrock, Gabler Verlag, 2009
- **Lexikon der Betriebswirtschaft. 3500 grundlegende und aktuelle Begriffe für Studium und Beruf**, von Ottmar Schneck, DTV Beck Verlag, überarbeitete und erweiterte Auflage 2007

- **Lexikon der Betriebswirtschaftslehre**, hrsg. von Hans Corsten und Ralf Gössinger, Oldenbourg Verlag, 5. vollständig überarbeitete und wesentlich erweiterte Auflage 2008
- **Lexikon der Betriebswirtschaftslehre** hrsg. von Klaus Olfert und Horst-Joachim Rahn, Kiehl Verlag, 6. überarbeitete und aktualisierte Auflage 2008
- **Vahlens Großes Wirtschaftslexikon,** 2 Bände. hrsg. von Erwin Dichtl und Otmar Issing, Verlag Vahlen, geplante Neuauflage Dezember 2010
- **Wirtschaftslexikon** hrsg. von Artur Woll, Oldenbourg Verlag, 10. vollständig neu bearbeitete Auflage 2008

„Der Woll“ ist ein Klassiker im Bereich der Wirtschaftswissenschaft.

- **Wirtschafts-Lexikon** von Werner Rittershofer, DTV Beck, 4. vollständig überarbeitete Auflage 2009

Auch im Internet sind Fachlexika zu finden:

- ***http://www.bpb.de/wissen/H75VXG,0,0,Begriffe_nachschlagen.html***

Die Bundeszentrale für politische Bildung bietet eine Zusammenstellung verschiedener Online-Lexika an.

Folgende wirtschaftsorientierte **Online-Lexika** basieren entweder ganz oder teilweise auf dem Wiki-Prinzip (vgl. Kapitel 5.6) oder werden von so genannten „Teams“ gepflegt**:**

- ***www.wirtschaftslexikon24.net***
- ***www.insm-lexikon.de***
- ***www.economia48.com***
- ***www.mein-wirtschaftslexikon.de***
- ***www.onpulson.de/lexikon***

Neben den **allgemein** betriebswirtschaftlich orientierten Fachlexika gibt es wie bei den Fachzeitschriften (vgl. Kapitel 4.8) eine Fülle von Lexika, die sich mit **Spezialthemen** der Wirtschaft beschäftigen.

Spezialisierte Lexika (Auswahl):

- **Das Börsenlexikon** von Friedhelm Busch, Werner Esser, Uwe Lang, Werner Schwanfelder, Piper Verlag 2003
- **Gabler Kompakt-Lexikon Bank und Börse** von Günter Wierichs und Stefan Smets, Gabler Verlag, 5. aktualisierte Auflage 2010
- **Gabler Lexikon Marketing** hrsg. von Manfred Bruhn und Christian Homburg, Gabler Verlag, 2. Auflage 2004
- **Gabler Lexikon Logistik. Management logistischer Netzwerke und Flüsse** hrsg. von Klaus, Peter und Krieger, Winfried, 4. komplett durchgesehene und aktualisierte Auflage 2009
- **Lexikon der deutschen Familienunternehmen** hrsg. von Florian Langenscheidt und Peter May, Gabler Verlag 2009
- **Personenlexikon der Wirtschaftsgeschichte** von Helge Hesse, Verlag Schäffer-Poeschel, 2. überarbeitete und erweiterte Auflage 2009

4.9.2 Handwörterbücher

Im Gegensatz zu Lexika sind Handwörterbücher häufig sehr umfangreich und damit auch recht teuer in der Anschaffung. Die wichtigsten Handwörterbücher befinden sich aber in jeder Hochschulbibliothek und können dort konsultiert werden. Ein Handwörterbuch dient sozusagen dem „zweiten" Einstieg – das Lexikon hilft bei der Begriffsklärung, das Handwörterbuch gibt einen gezielten Einblick in ein Thema. Auch zur Erstellung eines Handwörterbuchs finden sich meist viele Fachautoren zusammen, die – manchmal alphabetisch, manchmal thematisch sortiert – über ihr jeweiliges Fachgebiet schreiben, häufig angereichert mit Abbildungen und Querverweisen sowie Hinweisen auf Spezialliteratur zum Thema.

Etwas verwirrend ist die Benennung – denn die Buchreihe der wichtigsten Vertreter wirtschaftswissenschaftlicher Handwörterbücher, sozusagen **das** Standardwerk oder ‚Flaggschiff' unter den BWL-Nachschlagewerken, heißt **Enzyklopädie der Betriebswirtschaftslehre** und umfasst zwölf Bände:

- **Enzyklopädie der Betriebswirtschaftslehre (EdBWL)**

Sie erschien von 1926 bis 1992 im Verlag Poeschel, Stuttgart. Seit 1992 wird das Werk vom Verlag Schäffer Poeschel, Stuttgart, betreut.

Abb. 71: Das Handwörterbuch der Betriebswirtschaft aus der Reihe Enzyklopädie der Betriebswirtschaftslehre (EdBWL)

Die **EdBWL** dokumentiert umfassend den jeweiligen Wissensstand der einzelnen betriebswirtschaftlichen Fachgebiete. Sie ist so aufgebaut, dass die einzelnen Bände jeweils ein Fachgebiet alphabetisch darstellen (z. B. die Produktionswirtschaft, die Absatzwirtschaft, die Revision etc.). Das jeweilige Großthemengebiet wird in jedem Band in verschiedene Artikel ‚zerlegt'. Jedem Band ist ein Inhaltsverzeichnis vorangestellt, in dem sowohl nach Autoren als auch nach den einzelnen Artikeln gesucht werden kann. Alle Artikel sind einheitlich aufgebaut: Querverweise auf andere Artikel sind vorangestellt; es folgen Gliederung, Inhaltszusammenfassung, Artikeltext und Literaturliste. Die Autoren der EdBWL sind ausgewählte Experten aus Wissenschaft und Praxis.

Hier einige Bände aus der EdBWL-Reihe (Auswahl):

- **Handwörterbuch des Bank- und Finanzwesens** hrsg. von Wolfgang Gerke und Manfred Steiner, völlig überarbeitete und erweiterte Auflage 2001
- **Handwörterbuch der Betriebswirtschaft (HWB)** hrsg. von Richard Köhler, Hans-Ulrich Küpper und Andreas Pfingsten, 3 Teilbände, 6. vollständig neu gestaltete Auflage 2007 (Band 1)
- **Handwörterbuch des ökonomischen Systems der Bundesrepublik Deutschland** hrsg. von Klaus Schubert, VS Verlag 2005
- **Handwörterbuch des Personalwesens** hrsg. von Eduard Gaugler, Walter A. Oechsler und Wolfgang Weber, überarbeitete und ergänzte Auflage 2004 (Band 5)
- **Handwörterbuch Unternehmensrechnung und Controlling (HWU)** hrsg. von Hans-Ulrich Küpper und Alfred Wagenhofer, 4. völlig neu gestaltete Auflage 2002 (Band 3)
- **Handwörterbuch Unternehmensführung und Organisation (HWO)** hrsg. von Georg Schreyögg und Axel v. Werder, 4. völlig neu bearbeitete Auflage 2004 (Band 2)
- **Handwörterbuch der Wirtschaftswissenschaft (HdWW)** hrsg. von Willi Albers u. a., 1977-1983, 1986

4.9.3 Zusammenfassung

Beim Einstieg in ein wissenschaftliches Thema und bei der Suche nach bestimmten Termini, Definitionen etc. sind Nachschlagewerke von großer Nützlichkeit. Während allgemeine Nachschlagemöglichkeiten bei fachübergreifenden Fragen hilfreich sind, unterstützen fachspezifische Nachschlagemöglichkeiten bei der Bearbeitung der jeweils spezifischen wissenschaftlichen Fragestellung. Da die Qualität eines Nachschlagewerkes neben seiner Aktualität auch von seinen Verfassern abhängt, sollte man immer mehrere Nachschlagemöglichkeiten zu einer Fragestellung heranziehen. Viele große Fachverlage bieten wirtschaftswissenschaftlich relevante Fachlexika an. Zu den renommiertesten gehört der Gabler Verlag mit seinem Wirtschaftslexikon, das es sowohl in verschiedenen Buchausgaben, online und als App für das IPhone gibt. Handwörterbücher sind im Gegensatz zu Lexika in der Regel sehr viel umfangreicher und bieten einen hervorragenden Einstieg in eine wissenschaftliche Thematik. Besonders hervorzuheben ist die vom Verlag Schäffer Poeschel herausgegebene Enzyklopädie der Betriebswirtschaftslehre (EdBWL), in der namhafte Experten in 12 Bänden die wichtigsten betriebswirtschaftlichen Themengebiete darstellen.

Weiterführende Information und Literatur

Brink (2007)
Corsten/Deppe (2008)
Theissen (2008)

5.

Hilfen rund um den wissenschaftlichen Schreibprozess

Nach dem Lesen dieses Kapitels werden Sie

- wissen, wo Sie Hinweise zur Gestaltung wissenschaftlicher Texte finden können,
- wissen, wie Sie Ihre Literatur und Information effektiv verwalten können,
- wissen, wo Sie nachschlagen oder nachfragen können, wenn Sie eine Frage zur sprachlichen Gestaltung Ihres Manuskriptes haben,
- wissen, wo Sie Übersetzungshilfen finden,
- wissen, wo sich allgemeine Nachschlagemöglichkeiten finden lassen.

5. Hilfen rund um den wissenschaftlichen Schreibprozess

5. Hilfen rund um den wissenschaftlichen Schreibprozess

Im Rahmen der Erstellung unterschiedlicher wissenschaftlicher Arbeiten lernt der angehende Betriebswirt, wirtschaftsorientierte Problemstellungen wissenschaftlich zu bearbeiten und zu lösen. An diese Arbeiten sind spezielle Anforderungen zu stellen, wie sie in Kapitel 2 dargestellt wurden.

Zur Unterstützung dieses wissenschaftlichen Arbeits- und Schreibprozesses gibt es eine Reihe von Hilfen, auf die der Schreibende zurückgreifen kann:

- Hilfen hinsichtlich des wissenschaftlichen Schreibprozesses (Erstellung des Manuskriptes),
- Hilfen hinsichtlich des Umgangs mit dem verwendeten Textverarbeitungsprogramm,
- Hilfen zum Verwalten der verwendeten Literatur und Information,
- Hilfen zum Nachschlagen von allgemeinen und fachspezifischen Begriffen,
- Hilfen bei der korrekten sprachlichen Gestaltung des Textes und
- Hilfen beim Übersetzen fremdsprachlicher Texte.

5.1 Regeln wissenschaftlichen Schreibens

Um sich über die Anforderungen an eine wissenschaftliche Arbeit Klarheit zu verschaffen, sollte man einige Standardwerke des wissenschaftlichen Arbeitens konsultieren. In der Regel wird der gesamte wissenschaftliche Arbeitsprozess dargestellt und auf spezielle Aspekte wie Gliedern, Zitieren, Argumentieren, Sprachstil, formale Gestaltung etc. genauer eingegangen.

Zu den bekanntesten Fachbüchern zählen:

- **Eco, U., Wie man eine wissenschaftliche Abschlußarbeit schreibt. Doktor-, Diplom- und Magisterarbeit in den Geistes- und Sozialwissenschaften**, UTB, 13. Auflage 2010
- **Theisen, M. R., Wissenschaftliches Arbeiten. Technik, Methodik, Form,** Vahlen Verlag, 14. neu bearbeitete Auflage 200

Abb. 72: Standardwerke des wissenschaftlichen Arbeitens

Weitere Bücher zum wissenschaftlichen Schreiben (Auswahl):

- **Brink, A., Anfertigung wissenschaftlicher Arbeiten. Ein prozessorientierter Leitfaden zur Erstellung von Bachelor-, Master- und Diplomstudium in acht Lerneinheiten**, Oldenbourg Verlag, 3. überarbeitete. Aufl. 2007
- **Corsten, H./Deppe, J., Technik des wissenschaftlichen Arbeitens,** Oldenbourg Verlag, 3., überarbeitete Auflage 2008
- **Franck, N./Stary, J. (Hrsg.), Die Technik des wissenschaftlichen Arbeitens**, UTB, 15. völlig neu überarbeitete Auflage, 2009
- **Grass, B./Druegg, S., Der praktische Studienbegleiter. Das ABC des erfolgreichen Wirtschaftsstudiums**, Fortis Verlag, 1998
- **Gruber**, **H./Huemer, B./Rheindorf, M., Wissenschaftlich Schreiben: Ein Praxisbuch für Studierende der Geistes- und Sozialwissenschaften,** UTB, 2009
- **Koeder**, **K. W., Studienmethodik. Selbstmanagement für Studienanfänger**, Vahlen Verlag, 4. überarbeitete und erweiterte Auflage, 2007
- **Kruse, O., Lesen und Schreiben: Der richtige Umgang mit Texten im Studium. Studieren aber richtig,** UTB, 2010.
- **Niedermair, K., Recherchieren und Dokumentieren**, UTB, 2010
- **Skern, T., Writing Scientific English. A Workbook, 1. Auflage**, UTB, 2009
- **Werder, L. v., Lehrbuch des wissenschaftlichen Schreibens**, Schibri-Verlag, 1993

Online-Hilfen zum wissenschaftlichen Schreiben

Auch im Internet finden sich viele Hilfen für den wissenschaftlichen Schreibprozess. Die Universitäten Essen und Siegen bieten beispielsweise einen eigenen „Schreibtrainer" an (*http://www.uni-due.de/~lge292/trainer/*):

Abb. 73: Online-Schreibtrainer der Universität Essen und Siegen (http://www.uni-due.de/~lge292/trainer/, Stand 19.12.2010)

Viele Hochschulen haben inzwischen so genannte „Schreibzentren" eingerichtet, die den Studierenden auf vielfältige Weise Unterstützung beim wissenschaftlichen Schreiben bieten:

- ***http://www.sz.ruhr-uni-bochum.de/***
- ***http://www.schreibzentrum.uni-goettingen.de/***
- ***http://www.uni-koeln.de/phil-fak/schreibzentrum/linktipps/***

Weitere hilfreiche Informationen wie virtuelle Handbücher, Zitierhilfen, Glossare etc. finden sich u. a. auf vielen **Hochschulseiten (Auswahl)**:

- **Payer, A., Einführung in Formalien wissenschaftlicher Arbeiten – *http://www.payer.de/wissarbeit/ wissarb03.htm#3.5.2/***, Stand 01.03.2010
- **Stangl, W. – *http://arbeitsblaetter.stangl-taller.at/LITERATUR/WissenschaftlichesSchreiben.shtml***, Stand 11.08.2010

- **Schweibenz, W., Wissenschaftliches Arbeiten –** ***http://is.uni-sb.de/studium/handbuch/wissarb.html,*** Stand 11.08.2010
- ***www.wissenschaftliches-arbeiten.de,*** Stand 15.03.2010
- ***www.wissenschaftliches-arbeiten.org,*** Stand 15.03.2010
- ***www.studium-und-pc.de,*** Stand 15.03.2010

Eine Übersicht mit downloadbaren Dateien zum Thema wissenschaftliches Arbeiten bietet

- **Free-Books-Online** – ***http://free-books-online.net/index.php?keyword=wissenschaftliche+arbeiten+schreiben&filetype=pdf&page=results***

5.2 Umgang mit Textverarbeitung

Auch der sichere Umgang mit Standard-Textverarbeitung erleichtert den Schreibprozess. Zur Standard-Textverarbeitung gehört neben der jeweils aktuellen MS Word Version auch die Open Source Bürosoftware Open Office sowie – in technischer ausgerichteten Studienrichtungen – der Umgang mit LaTeX, das zwar eine längere Einarbeitungszeit erfordert, allerdings rechnerunabhängig und mit verschiedensten Zeichensätzen arbeitet.

Zahlreiche Funktionalitäten dieser Programme helfen hier bei der Erstellung von Texten – daher sollte man sich vor der Anfertigung einer größeren Arbeit mit diesen bekannt machen:

- Eine bessere Übersicht geben die verschiedenen Ansichten, insbesondere im Planungsstadium die Gliederungsfunktion.
- Sprachliche Hilfe geben Rechtschreibprüfung, Silbentrennprogramm und Thesaurusfunktion.
- Bei der Fertigstellung ist es – v. a. bei umfangreichen Arbeiten – hilfreich und Fehler vermeidend, Verzeichnisse (Inhalt, Index, Abbildung) automatisch zu erstellen.
- Ebenfalls zeitsparend ist die Arbeit mit Dokument- und Formatvorlagen, die formatgleiche Einheiten (Überschriften, Abbildungsunterschriften, Standardtext etc.) in gleichen Formatierungen zusammenfassen.

Nützliche Hilfen bei der Einarbeitung in Standard-Textverarbeitung sind u. a.

- **Hahner, M./Scheide, W./Wilke-Thissen, E., Wissenschaftliche(s) Arbeiten mit Word 2010: Word als Werkzeug für Seminar-, Haus- & Studienarbeit, Diplom- & Magisterarbeit, Bachelor- & Masterthesis, Dissertation & Wissenschaftsbuch,** Microsoft Press Deutschland 2010
- **Schlosser, J., Wissenschaftliche Arbeiten schreiben mit LaTeX,** mitp-Verlag, 3. überarbeitete Auflage 2009

Online-Informationen zum Umgang mit Textverarbeitung finden sich in den verschiedensten Varianten im Internet, ein Beispiel:

- ***www.office2007-lernportal.cc***

5.3 Literaturverwaltungsprogramme

Literaturverwaltungsprogramme unterstützen den Schreibprozess auf vielfältige Weise. Sie helfen,

- die gefundene Information sortiert zu dokumentieren und zu verwalten (einfacher Import von Daten aus bibliographischen Datenbanken, Hinzufügen von Kommentaren, Abstracts, Signaturen etc.),
- das Literaturverzeichnis der eigenen Arbeit zu erstellen (Datenimport in Standard-Textverarbeitungsprogramme) und
- die Zitationen im Text entsprechend den Standards wissenschaftlichen Arbeitens (den so genannten ‚Citation Styles') einzufügen.

Im Hochschulbereich haben v. a. drei Programme große Verbreitung gefunden:

- **Citavi** – ***www.citavi.de***
- **Endnote – *www.endnote.com***
- **RefWorks – *www.refworks.com***

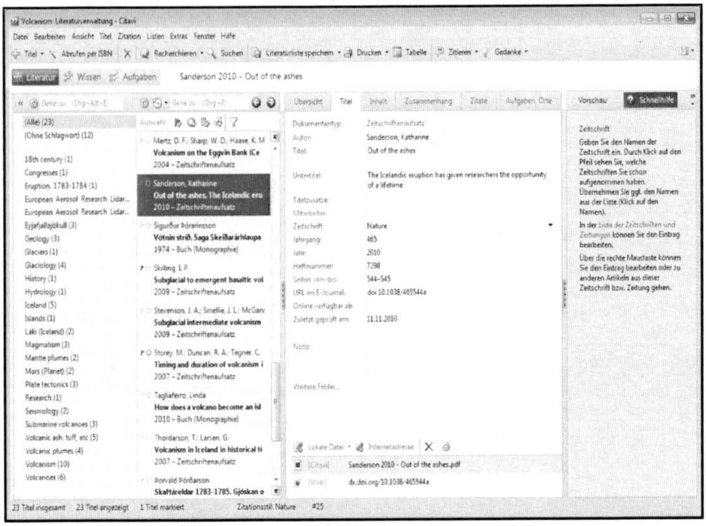

Abb. 74: Website des Literaturverwaltungsprogramms Citavi (http://www.citavi.com/images/Citavi3_ Screenshot_Literaturverwaltung2.png, Stand 19.12.2010)

Während es sich bei Citavi und Endnote um Einzelplatzlösungen handelt, liegt die Besonderheit von RefWorks darin, dass es vollständig webbasiert arbeitet und zusätzlich eine Reihe von Kooperationsfunktionalitäten bietet.

Daneben wird an Universitäten zunehmend auch die browserbasierte Literaturverwaltung **Zotero** eingesetzt. Zotero ist eine kostenlose Erweiterung für den Firefox-Browser mithilfe derer bibliographische Ressourcen verwaltet werden können. Zotero kann von der Website *www.zotero.org* als Firefox-Erweiterung installiert werden.

Weitere Literaturverwaltungsprogramme (Auswahl):

- **Bibliographix – *www.bibliographix.de***
- **Librixx – *www.librixx.de***
- **Liman Literatur Manager – *www.liman.de***
- **Litlink – *www.lit-link.ch***

Eine gute Übersicht über Literaturverwaltungsprogramme bietet die Bibliothek der Universität Augsburg auf *http://www.bibliothek.uni-augsburg.de/service/literaturverwaltung/ Literaturverwaltungsprogramme/* (Stand 11.08.2010).

5.4 Textgestaltung: Rechtschreibung, Synonyme, Fremdwörter etc.

Eine wissenschaftliche Arbeit sollte hinsichtlich ihrer sprachlichen Darstellung einwandfrei sein. Um dieses Ziel zu erreichen, bieten zahlreiche Traditionsverlage Off- und Online-Hilfen zum Nachschlagen verschiedenster Aspekte rund um die Textgestaltung an.

Wichtige Vertreter (Auswahl):

- **Duden. Die deutsche Rechtschreibung – *www.duden.de:***

Der Duden wird vom Bibliographischen Institut in Mannheim und dem Verlag & F. A. Brockhaus herausgegeben und ständig aktualisiert. Die aktuelle – 25. – Auflage (erschienen 2009) umfasst 12 Bände mit Informationen zu Worttrennung, Aussprache, Grammatik, Etymologie und Stil. Mit der Duden-Suche – unter *www.duden.de* – kann man jederzeit online in ausgewählten Wörterbüchern des Dudenverlags nachschlagen. Wie viele Fachbücher auch, ist der Duden inzwischen auch als E-Book erhältlich.

Abb. 75: Duden online (www.duden.de, Stand: 19.12.2009)

Empfehlenswert ist auch **Die Duden-Rechtschreibprüfung PLUS (Korrektor 7.0)**, die weit mehr als nur fehlerhafte Rechtschreibung, Grammatik und Zeichensetzung korrigiert. So ist z. B. der Duden-Thesaurus integriert, der eine Vielzahl von Begriffsverwandtschaften bereithält, ebenso vier Nachschlagewerke und eine Vielzahl an Mustervorlagen.

Darüber hinaus gibt das Bibliographische Institut weitere Duden-Abkömmlinge heraus wie z. B.:

- **Duden. Das Wörterbuch der Abkürzungen: Rund 50 000 nationale und internationale Abkürzungen und Kurzwörter mit ihren Bedeutungen** von Anja Steinhauer, 17. Auflage 2005
- **Duden. Wörterbuch der New Economy,** hrsg. von A. Steinle und D. Hülsmann, Mannheim 2001

Die Duden-Redaktion bietet eine kostenpflichtige telefonische Sprachberatung (Telefonnummer siehe *www.duden.de/deutsche_sprache/sprachberatung*). Von einem kompetenten Team werden dort alle Fragen rund um die deutsche Sprache beantwortet, v. a. aber kniffligere syntaktische Probleme direkt am Telefon und damit im Dialog gelöst.

Tipp

- **Wahrig Deutsches** – ***www.wahrig.de:***

Der „Wahrig“ ist ein aktuelles Nachschlagewerk, das den Wortschatz der deutschen Gegenwartssprache umfassend darstellt und grundlegende Nachweise über die Herkunft der Wörter bietet. Unter *www.wahrig.de* gibt es zwar nicht das Nachschlagewerk selbst, aber einen orthographischen Wegweiser als Download.

- **Institut für Deutsche Sprache** – ***www.ids-mannheim.de*:**

Hier finden sich Informationen zu sprachlichen Änderungen und Neuerungen durch das Institut für Deutsche Sprache.

- **Digitales Wörterbuch der deutschen Sprache** – ***www.dwds.de:***

Das Zentrum Sprache der Berlin-Brandenburgischen Akademie der Wissenschaften bietet online das „Digitale Wörterbuch der deutschen Sprache“ (DWDS), das den Wortschatz des 20./21. Jahrhunderts dazustellen versucht, auf seiner Internetseite an.

- **Pons-Verlag** – ***www.pons.eu:***

Der Pons-Verlag bietet neben seinen Fremdsprachenwörterbüchern auch ein großes Programm in deutscher Sprache. Interessant ist die Pons-Internetseite auch, weil sie online kostenfrei die Wörterbücher für Deutsch sowie acht Fremdsprachen bereitstellt (vgl. Kapitel 5.5).

5.5 Übersetzen

Beim Erstellen wirtschaftswissenschaftlicher Arbeiten kommt man heute an der Rezeption auch englischsprachiger Literatur nicht vorbei. Bachelor- und Masterarbeiten müssen teilweise, in verschiedenen Studiengängen auch in Englisch verfasst werden. In beiden Fällen helfen verschiedenste Übersetzungswerkzeuge.

Die Verlage Pons und Langenscheidt bieten neben umfassenden Nachschlagewerken auch Taschenwörterbücher, Fachwörterbücher, Grammatik- und Wortschatztrainer in vielen Sprachen an:

- **Pons** – ***www.pons.eu***

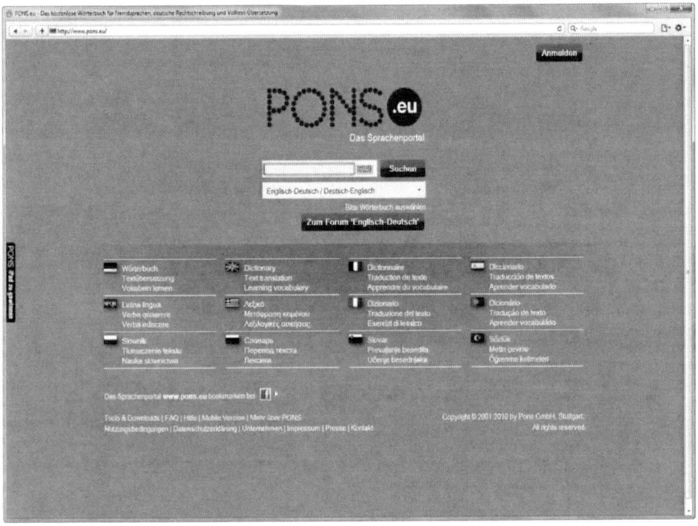

Abb. 76: Pons online (www.pons.eu, Stand: 19.12.2010)

- **Langenscheidt** – ***www.langenscheidt.de***
- **Oxford Dictionary** – ***www.oxforddictionaries.com***

Ein Klassiker für die englische Sprache.

Zusätzlich zu den Buch- und Online-Angeboten werden auch viele Anwendungen mobil als Apps für Smartphones angeboten.

Ein wichtiges Nachschlagewerk für Wirtschaftsenglisch ist der so genannte „große Hamblock/Wessels“:

- **Großwörterbuch Wirtschaftsenglisch** von Dieter Hamblock und Dieter Wessels, Cornelsen Verlag, 6., aktualisierte und erweiterte Auflage 2006.

Zudem gibt es verschiedenste **Übersetzungshelfer** im Web, bei denen man teilweise kostenfrei, teilweise kostenpflichtig Unterstützung für kleinere Texte oder einzelne Wörter findet:

- ***www.leo.org***
www.leo.org ist das Angebot der Leo GmbH, seit 2006 online und hervorgegangen aus Arbeiten einer Informatikergruppe der TU München. Leo stellt verschiedenste Wörterbücher kostenfrei bereit.

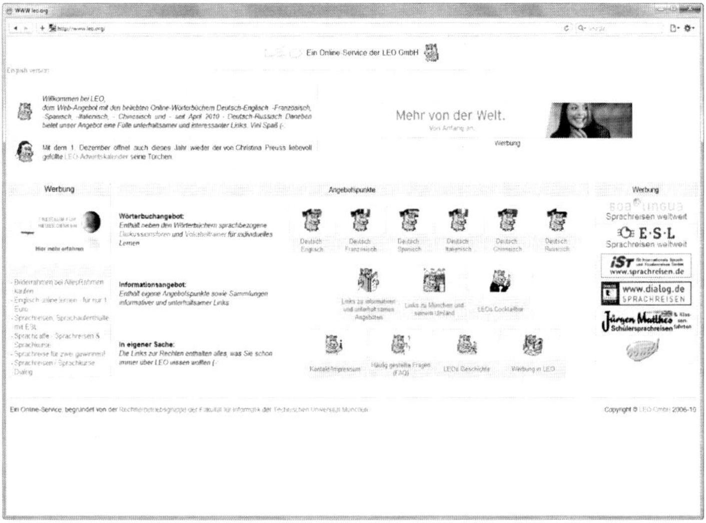

Abb. 77: Website des Übersetzungshelfers Leo (www.leo.org, Stand 19.12.2010)

- ***www.dict.cc***

Bei *www.dict.cc* handelt es sich um ein Wiki-Konzept. Die Benutzer können hier selbst Übersetzungen von Begriffen einfügen. Der dadurch entstehende Wortschatz kann jederzeit im Download-Bereich (Extras) heruntergeladen werden.

- ***http://de.wiktionary.org/wiki:***

Das Wiktionary, auch Wiki-Wörterbuch genannt, ist ein freies Wörterbuch. In seiner Eigenschaft als Wörterbuch ist das Wiktionary der lexikalische Partner der freien Enzyklopädie Wikipedia (vgl. Kapitel 5.6).

Weitere Vertreter (Auswahl):
- ***www.business-english.de***
- ***http://de.babelfish.yahoo.com/***
- ***www.dict.tu-chemnitz.de***
- ***www.dict.uni-leipzig.de***
- ***http://dictionary.babylon.com/***
- ***http://iate.europa.eu – Übersetzungsservice der EU***
- ***www.linguadict.de***
- ***www.wordreference.com***

In Ergänzung zu den reinen Online-Wörterbüchern sind **Textübersetzer** zu sehen – hier kann man Sätze/Wendungen zu Übersetzung eingeben, häufig, aber nicht immer, kostenlos:

Einige Vertreter (Auswahl):
- ***www.abacho.de/uebersetzer/***
- ***www.babylon.com***
- ***www.langenscheidt-uebersetzt.de***
- ***www.leginda.com***
- ***www.online-translator.com***
- ***http://translate.google.de***
- ***www.rivendel.com***

5.6 Nachschlagen

Wie in Kapitel 4.9 dargestellt, unterscheidet man in der Regel zwei Arten von Nachschlagewerken, die allgemeinen und die fachspezifischen (vgl. u. a. Theissen 2008, S. 39 ff). Während in Kapitel 4.9 die aus betriebswirtschaftlicher Sicht relevanten fachspezifischen Nachschlagewerke näher beleuchtet wurden, geht es im Weiteren um allgemeine Nachschlagewerke.

Traditionsgemäß gibt es international und in Deutschland einige bekannte Universallexika, deren Kenntnis zum Allgemeinwissen gehört, die aber nicht ausschließlich Wirtschaftsinformationen anbieten. So hat sicher jeder schon einmal vom „Brockhaus“, von „Meyers Konversationslexikon“ oder von der „Encyclopaedia Britannica“ gehört.

Alle Traditionslexika haben mittlerweile auch Angebote im Internet – teilweise ist aber ein Kauf der Druckausgabe Voraussetzung für die Nutzung des entsprechenden Internetangebots. Dieser Markt ist allerdings großen Umbrüchen unterworfen – ständig beschließen Verlage, ihr Angebot zu verändern, zu reduzieren oder gar ganz abzuschalten, so z. B. jüngst die Website des renommierten Meyers Konversationslexikons *(www.lexikon.meyer.de)*.

Wichtige Vertreter allgemeiner Universallexika (Auswahl):

- **Brockhaus Enzyklopädie** – ***www.brockhaus.de:***

Die 21. Auflage des Brockhaus (erschienen 2006) war wohl auch die letzte dieses Klassikers. Der herausgebende Verlag, das Bibliographische Institut Mannheim, hatte dies schon bei der Veröffentlichung der letzten Auflage angekündigt, Grund waren die hohen Verluste. Ende 2008 wurde die Marke Brockhaus dann an eine Bertelsmanntochter (Wissensmedia) verkauft. Das geplante und zunächst auch noch aufrecht erhaltene Internetangebot *www.brockhaus-enzyklopaedie.de* wurde Ende 2009 eingestellt. Auch bis dahin war es nur nutzbar mit einem Code, den man beim Kauf der gedruckten Ausgabe erhielt.

Abb. 78: Die Brockhaus-Enzyklopädie, gebundene Ausgabe

Weiterhin erhältlich ist allerdings der „**Der Brockhaus multimedial 2010 premium**", also das Werk auf DVD. Er bietet umfangreiches Wissen über die Welt kombiniert mit zahlreichen multimedialen Animationen, Videos, Hörbeiträgen, etc. Der Verlag bietet hier ausgefeilte Suchwerkzeuge sowie ein kostenloses monatliches Online-Update.

- **Enzyklopädia Britannica – *www.britannica.com*:**

Die „Königin" unter den Nachschlagewerken ist die Enzyklopädia Britannica. Erstmals 1768 erschienen, übertrifft sie mit ihren mittlerweile mehr als 720.000 Registereinträgen und 24.000 Abbildungen auf über 33.000 Seiten den Umfang der Brockhaus Enzyklopädie bei weitem. Die Britannica verfügt nach wie vor über ein international renommiertes Board und Direktorium, das Internetportal bietet über die Recherche zu Suchbegriffen hinaus vielfältige Möglichkeiten der Informationsrecherche. Seit September 2009 ist die so genannte **Britannica 2010 Ultimate Edition** auf DVD und in gedruckter Form verfügbar. Die Britannica gibt es auch online unter *www.britannica.com*. Registrierte Mitglieder können dort Britannica Online Premium nutzen, alle anderen bekommen eingeschränkte Informationen.

Abb. 79: Britannica online (www.britannica.com, Stand 19.12.2010)

- **Microsoft Encarta**

Auch Microsoft versuchte sich an einer Online-Enzyklopädie, der **Microsoft Encarta**, allerdings ohne größeren Erfolg. Die letzte Microsoft Encarta (Version 2007 Premium) kam 2006 auf den Markt. Danach hat Microsoft die Produktion seiner Encarta Software beendet und bis Ende 2009 alle Online-Angebote geschlossen.

In den letzten Jahren haben sich im Internet auch zahlreiche Angebote etabliert, die auf dem „JeKaMi"-Prinzip (Jeder kann mit(machen)) beruhen – reine Online-Lexika oder Enzyklopädien, die von selbst ernannten Fachleuten gespeist werden und deren Einträge ohne redaktionelle Prüfung den Konsumenten anbieten. Sie stellen demnach einen einfachen, wichtigen Zugang zu Wissen dar, der aber gerade im wissenschaftlichen Umfeld nicht ohne weitere Prüfung in entsprechend verlässlichen Zweitquellen verwendet werden sollte.

Mit dem Begriff „Wiki“ bezeichnet man eine Technik zur kollektiven und kollaborativen Erstellung von editierbaren Datenbanken (in der Regel internetbasiert). Ein Wiki hat grundsätzlich einen offenen Charakter, d. h., im Gegensatz zu Lexika oder Wörterbüchern, deren Einträge verlagsseitig durch Experten verfasst und redaktionell betreut werden, kann jeder Internetbenutzer Einträge vornehmen – ob er nun „Experte“ ist oder nicht. Dieses Hintergrundwissen gilt es bei der Rezeption und wissenschaftlichen Verwendung von Wiki-Einträgen zu beachten.

- ***www.wikipedia.org* (oder de)**

Die bekannteste Online Enzyklopädie und eines der Leitmedien des Internets schlechthin ist sicherlich die **Wikipedia.** Wikipedia ist eine im Januar 2001 gegründete freie Online-Enzyklopädie in zahlreichen Sprachen. Der Name „Wikipedia“ setzt sich aus „Wiki“, dem hawaiischen Wort für „schnell“ und „Encyclopedia“, einer englischen Schreibweisen des Wortes „Enzyklopädie“ zusammen und referiert damit auf die Ansprüche, schnell und (all)umfassend zu sein.

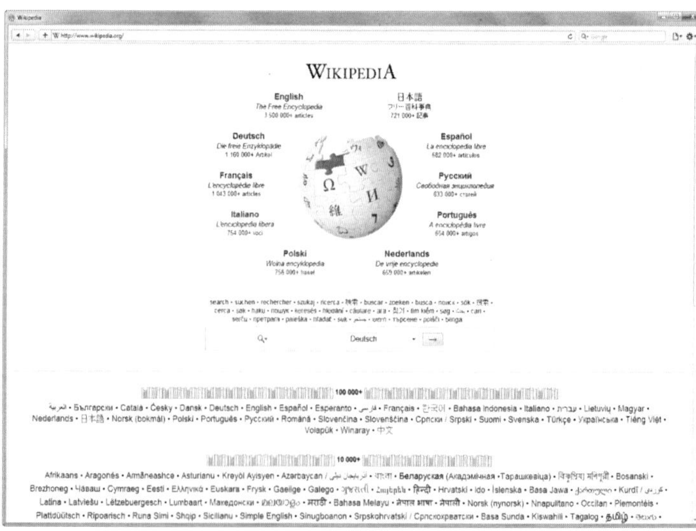

Abb. 80: Online-Enzyklopädie Wikipedia (www.wikipedia.org, Stand 19.12.2010)

Wikipedia-Artikel werden kollektiv und unentgeltlich weltweit erstellt. Jeder Internetnutzer kann Wikipedia-Einträge lesen und bearbeiten. In einem offenen, nicht notwendigerweise konfliktfreien Bearbeitungsprozess, hat letztlich Bestand, was von der Gemeinschaft der Mitarbeitenden akzeptiert wird. Die Kompetenz der bearbeitenden Personen und Gruppen kann sehr unterschiedlich sein, viele Themen sind deshalb in der Wikipedia Gemeinschaft ebenso umstritten wie in anderen Bereichen (Politik, Gesellschaft, Wissenschaft).

Grundsätzlich lassen sich über die so genannte „History" die Einträge und Änderungen nachvollziehen und die Autoren (sofern sie nicht anonym agieren) überprüfen. Alle Artikeländerungen sind aufrufbar, ebenso die Diskussionen und Fragen der Bearbeiter. Die Schnelligkeit und auch das Interesse geleitete Handeln vieler Autoren können dazu führen, dass Einträge schnell wieder verschwinden, verändert oder gar gelöscht werden (vgl. u. a. Kohlenberg 2006, Wirada 2008).

Wikipedia bietet sehr viele Informationen, teilweise auch sehr detailliert. Da allerdings nicht zwingend Fachleute oder Wissenschaftler diese Informationen eingestellt haben, sind sie von recht unterschiedlicher Qualität und ihre Verwendbarkeit im Rahmen von wissenschaftlichen Arbeiten umstritten. An vielen Hochschulen ist das Zitieren aus Wikipedia verboten (zur unterschiedlichen Qualität der Einträge vgl. das Interview mit dem Historiker Haber 2010)

Ableger aus der Wikipedia-Familie sind u. a. Wikisource (Zitatesammlung), Wikitionary (Wörterbuch) und Wikibooks (Lehrbücher). Mit Wikibooks wird versucht, eine Bibliothek mit Lehr-, Sach- und Fachbüchern aufzubauen. Wie immer, kann jeder, der sich dazu berufen fühlt, dabei mitmachen.

- ***knol.google.com:***

Die Internetseite *knol.google.com* („knol“ von engl. „Knowledge“) ist eine Wikipedia-Konkurrenz, angeboten seit 2008 von Google. Auch bei *knol.google.com* werden die einzelnen Artikel (die so genannten ‚Knols’) von freien Autoren verfasst, jedoch müssen sich diese registrieren.

Anfang der 2000er Jahre gab es noch einige weitere Online-Lexika – diese wurden aber nach und nach, wohl auch wegen Nichtnutzung – eingestellt. Einen kurzen „Nachruf“ findet man auf *www.akademie.de/info-bereich/netlexikon/,* Stand: 13.12.2010).

5.7 Auf dem Laufenden bleiben

Wie in anderen Bereichen auch, so ist es auch für einen Studierenden der Betriebswirtschaft wichtig, in ‚seinem’ Fach auf dem Laufenden zu bleiben.

Dazu gibt es heute mehr Möglichkeiten als je zuvor: Blogs, Foren, Communities, Newsletter, Newsgroups und RSS Feeds können dieses Bedürfnis unterstützen und den Studierenden vernetzen.

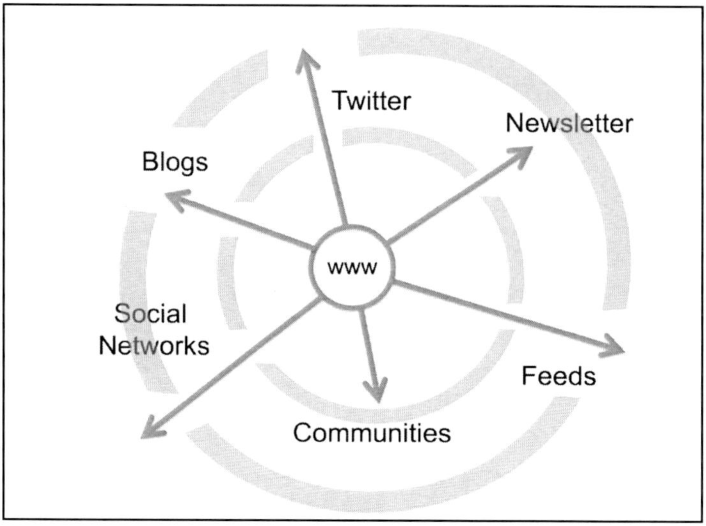

Abb. 81: Auf dem Laufenden bleiben

Die Qualität der Information hängt grundsätzlich von der Qualität des jeweiligen Dienstes, der Qualität der Verfasser und der Zuverlässigkeit der Quelle ab: Der Blog einer Hochschulbibliothek oder eines Hochschullehrers können ebenso interessante Informationen bereitstellen wie ein Newsletter oder RSS Feed eine renommierten Verlages, ebenso kann ein gutes Netzwerk oder ein moderiertes Forum weiterhelfen.

Einen Überblick über viele Blog-Angebote findet man auf *www.wikio.de/blogs*:

Abb. 82: Übersicht über relevante Blogs/Social Network News auf www.wikio.de, Stand 19.12.2010

Viele Links und Tipps findet man auch auf den Seiten **studentischer Organisationen**, die sich in fachrelevanten Bereichen wie Unternehmensberatung, Organisation von Veranstaltungen etc. engagieren.

Einige Vertreter (Auswahl):

- **Aiesec** – ***www.aiesec.org***
- **Bonding** – ***www.bonding.de***
- **Bundesverband Deutscher Studentischer Unternehmensberatungen e.V. (BDSU)** – ***www.bdsu.de***
- **OSCAR – studentische Unternehmensberatung:** ***www.oscar.de***
- **Bundesverband der Börsenvereine an deutschen Hochschulen e. V. (BVH)** – ***www.bvh.org***
- **The European Law Students Association** – ***www.elsa.org***
- **Marketing zwischen Theorie und Praxis (MTP)** – ***www.mtp.org***

Auch in den **etablierten Netzwerken** für Studenten und junge Fach- und Führungskräfte finden sich Ansprechpartner zu wirtschaftswissenschaftlichen Themen, aber auch zu studientechnischen Fragen bis hin zu Stipendien, Praktika, Auslandsstudium und Karriereplanung.

Einige Vertreter (Auswahl):

- **Campusfriends** – ***www.campusfriends.de***
- **askStudents.de** – ***www.askstudents.de***
- **e-fellows.net** – ***www.e-fellows.net***
- **InternationalStudentsClub** – ***www.internationalstudentclub.org***
- **studiVZ** – ***www.studivz.net***
- **XING** – ***www.xing.com***
- **Facebook** – ***www.facebook.com***

5.8 Zusammenfassung

Zur Unterstützung dieses wissenschaftlichen Arbeits- und Schreibprozesses gibt es eine Reihe von Hilfen, auf die der Schreibende zurückgreifen kann. Diese Hilfen können Aspekte des wissenschaftlichen Schreibprozesses betreffen (Erstellung des Manuskriptes, Argumentation, Gliederung, Zitation) oder auch den Umgang mit Textverarbeitungs- und Literaturverwaltungsprogrammen. Ebenso ist die Kenntnis allgemeiner Nachschlagemöglichkeiten in klassischer Buchform und im Internet von großer Bedeutung. Im Falle von Übersetzungen helfen entsprechende Seiten wie *www.pons.eu* weiter. Nicht zuletzt ist es wichtig, auf dem Laufenden zu bleiben und auf diesem Wege Ansprechpartner und Information zu finden.

Weiterführende Literatur und Information

Dietl (2008)
Kohlenberg (2006)
Niedermair (2010)
Wirada (2008)

Nachbemerkung

Das vorliegende Buch sollte Ihnen Techniken und Wege aufzeigen, um die Informationen zu finden, die Sie für Ihre wissenschaftlichen Arbeiten im Rahmen Ihres Bachelor- oder Master-Studiums benötigen.

Durch die sich ständig verändernden technischen Möglichkeiten und die Vernetzungs- und Konzentrationsprozesse auf dem Informationsmarkt werden fortlaufend neue Wege dazukommen und alte verschwinden. Alleine in der Zeit der Arbeit an diesem Buch haben sich sehr viele Dinge geändert, sind viele neue Möglichkeiten der Informationsrecherche dazugekommen und alte verschwunden.

Trotzdem glauben wir fest daran, dass ein Grundverständnis für die möglichen Wege und Techniken, um an wissenschaftlich wertvolle Information zu kommen, unerlässlich und gerade in der heutigen Zeit von enormer Bedeutung ist. Zum wissenschaftlichen Umgang mit Information gehört immer auch die Kritik, und diese beginnt bei den Quellen und endet bei deren Evaluation und Verwendung.

Wir hoffen, mit dem vorliegenden Band einen Beitrag zu einem einerseits effektiven und andererseits kritischen Umgang mit Quellen im Rahmen wirtschaftswissenschaftlicher Informationsrecherche geleistet zu haben.

Nun ist es an Ihnen, sich auf ‚neue' Wege zu machen, neue Informationsquellen zu suchen und neue Techniken auszuprobieren.

Viel Erfolg!

Abbildungsverzeichnis

Literatur und Information

Anmerkung: Die Informationsquellen (Literatur und Internet) sind im Text angegeben und werden an dieser Stelle nicht mehr genannt

Arnold, R./Schüßler, I. (1998), Wandel der Lernkulturen, Darmstadt.

Baumann, E. (1978), Das System Unternehmung. Einführung in die Betriebswirtschaftslehre, Stuttgart u. a.

Berendt, B./Voss, H.-P./Wildt, J. (Hrsg.) (2002), Neues Handbuch Hochschullehre. Lehren und Lernen effizient gestalten, Stuttgart u. a.

Bernau, V. (2010a), Auf der Suche nach Sinnlichkeit, in: Süddeutsche Zeitung Nr. 232, 07.10.2010, S. 23.

Bernau, V. (2010b), Microsoft und seine starken Freunde, in: Süddeutsche Zeitung Nr. 239, 15.10.2010, S. 21.

Boni, M. (1996), Internet für Wirtschafts- und Sozialwissenschaftler, München.

Brink, A. (2007), Anfertigung wissenschaftlicher Arbeiten. Ein prozessorientierter Leitfaden zur Erstellung von Bachelor-, Master- und Diplomstudium in acht Lerneinheiten, München, Wien, 3. überarbeitete Auflage 2007.

Brinker, K. (2001), Linguistische Textanalyse. Eine Einführung in Grundbegriffe und Methoden, Berlin.

Bünting, K.-D. (1996), Schreiben im Studium. Ein Trainingsprogramm, Berlin.

Bünting, K.-D. (2006), Schreiben im Studium: mit Erfolg. Ein Leitfaden, Berlin.

Corsten, H./Deppe, J. (2008), Technik des wissenschaftlichen Arbeitens, München, Wien.

Cramme, S./Ritzi, Chr. (2003), Literatur ermitteln, in: Franck, N./Stary, J. (Hrsg.) (2003), Die Technik des wissenschaftlichen Arbeitens, Paderborn, S. 33-74.

Crisand, E. (2002), Soziale Kompetenz als persönlicher Erfolgsfaktor, Heidelberg.

Deutsche Nationalbibliothek (2010), http://www.d-nb.de/, Stand 14.06.2010.

Dichtl, E. (1995), Deutsch für Ökonomen. Lehrbeispiele für Sprachbeflissene, München.

Dietl, K. (2008), Intelligenz der Masse, in: Tomorrow, 05/2008, S. 17-22.

Döring, N. (2003), Sozialpsychologie des Internet. Die Bedeutung des Internet für Kommunikationsprozesse, Identitäten, soziale Beziehungen und Gruppen, Göttingen u. a., 2. Auflage 2003.

Ebert, K. (2010), Klug suchen. Ihr Weg zur richtigen Information, www.klug-suchen.de, Stand 13.08.2010.

Eco, U. (2010), Wie man eine wissenschaftliche Abschlußarbeit schreibt. Doktor-, Diplom- und Magisterarbeit in den Geistes- und Sozialwissenschaften, Heidelberg, 13. Auflage 2010.

Ehrig, M./Hartmann, J./Schmitz, C. (2004), Ontologie-basiertes Web Mining. Workshop „Semantische Technologien für Informationsportale", GI-Jahrestagung 2004, Ulm.

Ellwein, Ch. (2002), Suche im Internet für Industrie und Wissenschaft, München.

Faller, H. (2006), David gegen Google, in: DIE ZEIT Nr. 41, 06.10.2006, S. 23.

Femers, S. (2006), Wirtschaftskommunikation, Rinteln.

Fischer, M. (2009), Warum eigentlich brauchen wir so viele Wirtschaftsforschungsinstitute? http://www.wiwo.de/politikweltwirtschaft/warum-eigentlich-brauchen-wir-so-viele-wirtschaftsforschungsinstitute-394997/, 26.04.2009, Stand 12.08.2010.

Franck, N. (2003), Lust statt Last: Wissenschaftliche Texte schreiben, in: Franck, N./Stary, J. (Hrsg.) (2003), Die Technik des wissenschaftlichen Arbeitens. Eine praktische Anleitung, Wien, Köln, Weimar, völlig neu überarbeitete Auflage 2003. S. 117-178.

Franck, N./Stary, J. (Hrsg.) (2003), Die Technik des wissenschaftlichen Arbeitens. Eine praktische Anleitung, Wien, Köln, Weimar, völlig neu überarbeitete Auflage 2003.

Gantert, K./Hacker von Saur, R. (2008), Bibliothekarisches Grundwissen, München, 8., neu bearbeitete und erweiterte Auflage 2008.

Gaschke, S. (2009a), Die Netzanbeter, in: DIE ZEIT, Nr. 16, 19.04.2009, S. 13.

Gaschke, S. (2009b), Klick. Strategien gegen die digitale Verdummung, Freiburg im Breisgau.

Gasteiner, M./Haber, P. (Hrsg.) (2010), Digitale Arbeitstechniken für Geistes- und Kulturwissenschaften, Wien, Köln, Weimar.

Georg-August-Universität Göttingen (2010), Open Access. Der freie Zugang zu wissenschaftlicher Information. Informationsplattform, www.open-access.net, Stand 10.08.2010.

Glöggler, M. (2008), Suchmaschinen im Internet. Funktionsweisen, Ranking Methoden, Top Positionen, Berlin.

Goemann-Singer, A./Graschi, P./Weissenberger, R. (2004), Recherche-Handbuch Wirtschaftsinformationen. Vorgehen, Quellen und Praxisbeispiele, Berlin u. a., 2. neubearbeitete und erweiterte Auflage.

Gotter, L. 2010, Universelle Suchmaschinen, http://wissensexploration.de/focused-crawler-universalsuch-maschinen.php, Stand 28.04.2010.

Grass, B./Druegg, S. (1998), Der praktische Studienbegleiter. Das ABC des erfolgreichen Wirtschaftsstudiums, Köln.

Grassmann, F (2006), Der elektronische Kopienversand im Rahmen der Schrankenregelungen. Rechtsvergleich vor allem zwischen deutschem und englischem Urheberrecht (Schriftenreihe des Archivs für Urheber- und Medienrecht Bd. 241), Baden-Baden.

Gross, G. (Hrsg) (1997), Studieren und Forschen im Internet: Perspektiven für Wissenschaft, Wirtschaft, Kultur und Gesellschaft, Frankfurt/M. u. a.

Gruber, H/Huemer, B./Rheindorf, M. (2009), Wissenschaftlich Schreiben, Wien, Köln, Weimar.

Gugerli, D. (2009), Suchmaschinen. Die Welt als Datenbank, Frankfurt/M.

Haines, M. (2009), ABC der wissenschaftlichen Abschlussarbeit, Wien, Köln, Weimar.

Heise, C./Heise, A./Persson, C. (Hrsg.) (2009), heise online, www.heise.de.

Heister, W./Weßler-Poßberg, D. (2007), Studieren mit Erfolg: Wissenschaftliches Arbeiten für Wirtschaftswissenschaftler, Stuttgart.

Herbig, A. F. (2010), Lernen in elektronisch gestützten Lehr-Lernarrangements, in: Forschungsbericht 2008/2009 der FH Kaiserslautern, Kaiserslautern 2010, S. 32-37.

Herbig, A. F. (2010), E-Learning als Herausforderung: „Kommunikation“ lehren und lernen in sich verändernden Bildungsmärkten, in: sprechen, Heft 49, 2010, S. 29-37.

Herbig, A. F./Seiler, T./Strasser, M. (o. J.) Arbeitsunterlagen zur Lehrveranstaltung „Arbeitstechnik“, FH Kaiserslautern 2000 ff.

Herbig, A./Münz, C. (2006), Sind Schlüsselqualifikationen lehrbar? in: Rundschau der FH Kaiserslautern, Nr. 12, 2006, S. 13-18.

Hölscher, Chr. (2002), Die Rolle des Wissens im Internet. Gezielt suchen und kompetent auswählen, Stuttgart.

Imago Informationstechnologie GmbH (2010), www.verbaende.de, Stand 15.09.2010.

Ingold, M. (2005), Informationskompetenz: ein (neues) Leitbild für betriebliche Informationsstellen?, in: Ockenfeld, M. (Hrsg.) (2005), Leitbild Informationskompetenz. Positionen – Praxis – Perspektiven im europäischen Wissensmarkt. Proceedings der 27. Online-Tagung der DGI/57. Jahrestagung der DGI, Frankfurt 23.-25.05.2005, Frankfurt/M.

ITam GmbH (2010), Recherchefibel.de, www.recherchefibel.de, Stand 13.08.2010.

Karzauninkat, S. (2010), Die Suchfibel. Alles über Suchmaschinen, www.suchfibel.de, Stand 13.08.2010.

Kaumanns, R./Siegenheim, V. (2009), Die Google-Ökonomie. Wie der Gigant das Internet beherrschen will, Düsseldorf.

Keller, A. (2005), Elektronische Zeitschriften. Grundlagen und Perspektiven (Bibliotheksarbeiten 12), Wiesbaden, 2. aktualisierte und stark erweiterte Auflage 2005.

Klatt, R. u. a. (2001), Elektronische Information in der Hochschulausbildung. Innovative Mediennutzung im Lernalltag der Hochschulen, Opladen.

Koch, M./Läsker, K./Kläsgen M. (2010), Ein neues Kapitel, in: Süddeutsche Zeitung, Nr. 178, 05.08.2010, S. 15.

Koeder, K. W. (2007), Studienmethodik. Selbstmanagement für Studienanfänger, München, 4. überarbeitete und erweiterte Auflage 2007.

Kohlenberg, K. (2006), Die anarchische Wiki-Welt, in: DIE ZEIT, Nr. 37, 07.09.2006, S. 17-19.

Kohler, J. (2004), Schlüsselkompetenzen und „Employability" im Bologna-Prozess, in: Schlüsselkompetenzen und Beschäftigungsfähigkeit. Positionen, Nr. 6, 2004, S. 5-15.

Kometenznetzwerk für Bibliotheken (2010), www.informationskompetenz.de, Stand 10.03.2010.

Krämer, W. (1995), Wie schreibe ich eine Seminar-, Examens- und Diplomarbeit. Eine Anleitung zum wissenschaftlichen Arbeiten für Studierende aller Fächer an Universitäten, Fachhochschulen und Berufsakademien, Jena, Stuttgart, 4. erweiterte und aktualisierte Auflage.

Krempl, S. (2008), Dokumentenlieferdienst Subito weist Kritik an „Knebelvertrag“ zurück, http://www.heise.de/newsticker/meldung/Dokumentenlieferdienst-Subito-weist-Kritik-an-Knebelvertrag-zurueck-187280.html, 05.03.2008, Stand 04.06.2009.

Kruse, O. (2010), Lesen und Schreiben. Der richtige Umgang mit Texten im Studium, Wien, Köln, Weimar.

Kuhlen, R./Seeger, T./Strauch D. (Hrsg.) (2004), Grundlagen der praktischen Information und Dokumentation. Handbuch zur Einführung in die Informationswissenschaft und -praxis; 2 Bde., München, 5. neu gefasste Ausgabe.

Lewandowski, D. (2005): Web Information Retrieval, Technologien zur Suche im Internet, Frankfurt/M. (DGI Schrift) (Informationswissenschaft 7).

Lewandowski, D. (Hrsg.) (2009), Handbuch Internet-Suchmaschinen, Heidelberg.

Linde, F. (2005), Ökonomie der Information, Göttingen (Göttinger Schriften zur Internetforschung).

List, J./Zagelmayer, S. (1999), Wer, was, wo: Internet-Kompaß für Wirtschaft und Politik, Köln, 2. aktualisierte und ergänzte Auflage 1999.

Machill, M./Welp, C. (Hrsg.) (2003), Wegweiser im Netz. Qualität und Nutzung von Suchmaschinen, Gütersloh.

Martin-Jung, H. (2009), „Ein einziger Mischmasch“. Mit seiner Büchersuche will Google das Weltwissen zugänglich machen, doch die Datenbank steckt voller Fehler, in: Süddeutsche Zeitung, Nr. 208, 10.09.2009, S. 16.

Metzger, Chr. (2002), Lern- und Arbeitsstrategien. Ein Fachbuch für Studierende an Universitäten und Fachhochschulen, Aarau, 5. Auflage 2002.

Müller, U. (2010), Open Access. Eine Bestandsaufnahme, in: Gasteiner, M./Haber, P. (Hrsg.) (2010), Digitale Arbeitstechniken für Geistes- und Kulturwissenschaften, Wien, Köln, Weimar, S. 185-202.

Narr, W.-D. (2003), Was ist Wissenschaft was heisst wissenschaftlich Arbeiten? Was bringt ein wissenschaftliches Studium? in: Franck, N./Stary, J. (Hrsg.) (2003), Die Technik des wissenschaftlichen Arbeitens. Eine praktische Anleitung, Wien, Köln, Weimar, völlig neu überarbeitete Auflage 2003, S. 15-32.

Niedermair, K. (2010), Recherchieren und Dokuentieren, Konstanz.

Ockenfeld, M. (Hrsg.) (2005), Leitbild Informationskompetenz. Positionen – Praxis – Perspektiven im europäischen Wissensmarkt. 27. Online-Tagung der DGI. 57. Jahrestagung der DGI. Frankfurt 23.-25.05.2005, Frankfurt/M.

O. V. (2000), „Was ist eigentlich Medienkompetenz?“ Der Medienpsychologe Peter Winterhoff-Spurk über Medienkompetenz und ein schwierigen Umgang mit neuen und alten Medien. Interview mit Peter Winterhoff-Spurk, in: Psychologie heute, Nr. 07, 2000, S. 46-49.

O. V. (2002), subito – Lieferdienst der Bibliotheken: 10 Fragen von Bruno Bauer an Traute Braun-Gorgon, Leiterin der subito-Geschäftsstelle in Berlin, in: medizin – bibliothek – information 2002, vol. 2, nr. 2, S. 53-56, http://www.agmb.de/mbi/2002_2/subito.pdf.

O. V. (2008), Online ins Off, Rheinischer Merkur, Nr. 31, 2008, S. 16.

O. V. (2010), Je umstrittener, desto besser. Was taugen die Geschichts-Artikel der Online-Enzyklopädie Wikipedia? Ein Gespräch mit dem Historiker Peter Haber, in: DIE ZEIT, Nr. 28, 08.07.2010, S. 19.

Patzwaldt, K. (2010), @-web Suchmaschinen – Suchboard, www.at-web.de, Stand 15.09.2010.

Payer, A. (2010), Einführung in Formalien wissenschaftlicher Arbeiten, http://www.payer.de/wissarbeit/wissarb03.htm#3.5.2, Stand 01.03.2010.

Pieper, D./Wolf, S. (2009), Wissenschaftliche Dokumente in Suchmaschinen, in: Lewandowski, D. (Hrsg.) (2009), Handbuch Internet-Suchmaschinen, Heidelberg, S. 356-374.

Poetzsch, E. (2004), Wirtschaftsinformation. Online – CD ROM – Internet, Potsdam (Materialien zur Information und Dokumentation, Bd. 15).

Potempa, T. et al. (2001), Informationen finden im Internet. Leitfaden für die gezielte Online-Recherche, München, Wien.

Pürer, H./Raabe, J. (2007), Presse in Deutschland, Konstanz.

Regionales Rechenzentrum für Niedersachsen (RZZN) (2001), Suchen und Finden im Internet, Hannover (RRZN-Handbücher für staatliche Hochschulen).

Rößl, D. (2003a), Was ist eine wissenschaftliche Arbeit?, in: Rößl, D. (Hrsg.) (2003), Die Diplomarbeit in der Betriebswirtschaftslehre. Ein Leitfaden, Wien, 2. Auflage 2003, S. 25-42.

Rößl, D. (2003b), Von der Themensuche zur Begutachtung, in: Rößl, D. (Hrsg.) (2003), Die Diplomarbeit in der Betriebswirtschaftslehre. Ein Leitfaden, Wien, 2. Auflage 2003, S. 43-52.

Rößl, D. (Hrsg.) (2003), Die Diplomarbeit in der Betriebswirtschaftslehre. Ein Leitfaden, Wien, 2. Auflage 2003.

Schellhase, J. (2008), Recherche wissenschaftlicher Publikationen, Lohmar, Köln, (Wirtschaftsinformatik; Bd. 58) (Zugl.: Kassel, Univ., Habil.-Schr., 2008 u. d. T.: Schellhase, J., Potenziale und Grenzen der Recherche wissenschaftlicher Publikationen unter besonderer Berücksichtigung Web-basierter Recherchesysteme).

Schmieder, J. (2006), Jäger des virtuellen Schatzes. Die Deutsche Nationalbibliothek soll alle deutschsprachigen Internetseiten archivieren – ein ehrgeiziges Projekt mit enormen Problemen, in: Süddeutsche Zeitung, Nr. 213, 15.09.2006, S. 9.

Schneider, U. J. (2010), Das Wissen der Welt. Deutschland braucht eine öffentliche digitale Bibliothek, in: Süddeutsche Zeitung, Nr. 50, 02.03.2010, S. 11.

Schnock, A. (2008), Konzeption und inhaltliche Entwicklung eines Internetportals. Fallbeispiel für die Forschungseinrichtungen des Museums für Naturkunde der Humboldt-Universität zu Berlin. Saarbrücken.

Schirrmacher, F. (2009), Payback. Warum wir im Informationszeitalter gezwungen sind zu tun, was wir nicht tun wollten, und wie wir die Kontrolle über unser Denken zurückgewinnen, München.

Seidenspinner, G. (1994), Wissenschaftliches Arbeiten. Techniken, Methoden, Hilfsmittel, Aufbau, Gliederung, Gestaltung, richtiges Zitieren, Frankfurt/M. , 9. Auflage.

Seiler, T./Strasser, M. (2003), Informationskompetenz für Wirtschaftswissenschaftler, in: Rundschau der FH Kaiserslautern, Nr. 12, 2003, S. 42.

Seufert, S. (2007), „Ne(x)t Generation Learning“: Was gibt es Neues über das Lernen? in: Seufert, S./Brahm T. (Hrsg.) (2007), „Ne(x)t Generation Learning“: Wikis, Blogs, Mediencasts & Co. – Social Software und Personal Broadcasting auf der Spur, Februar 2007, S. 2-19 (SCIL Arbeitsbericht 12).

Siemers, J. (2010), ComScore: Suchvolumen in Deutschland wächst deutlich, http://www.internetmarketing-news.de/2010/01/22/comscore-suchvolumen-in-deutschland-wachst-deutlich/Stand 03.08.2010.

Skern, T. (2009), Writing Scientific English. A Workbook, Wien.

Sommer, R. (2009), Schreibkompetenzen. Erfolgreich wissenschaftlich schreiben, Stuttgart, 4. Auflage.

Speck, H. (2007a), Die Macht der Suchmaschinen/The Power of Search Engines, Köln 2007.

Speck, H. (2007b), Suchen und Finden im Internet, Berlin 2007.

Stangl, W. (2010), http://arbeitsblaetter.stangl-taller.at/LITERATUR/WissenschaftlichesSchreiben.shtml, Stand 29.07.2010.

Steinhaus, I. (1999), Recherche im Internet, München, 2. Auflage.

Stock, W. G. (2007), Information Retrieval. Informationen suchen und finden, München, Wien.

subito. Dokumente aus Bibliotheken e. V. (2010), http://www.subito-doc.de/index.php?, Stand 13.08.2010.

Theisen, M. (2008), Wissenschaftliches Arbeiten. Technik, Methodik, Form, München.

Trentmann, N. (2009), Zurück in die Faxzeit, in: Frankfurter Allgemeine Zeitung, Nr. 38, 2009, 14./15.02.2009, C6.

Trippen, F. (2008), Informations- und Medienkompetenz für angehende Betriebswirte, in: FH Rundschau, Nr. 04, 2008, S.17.

Ude, A. (2008), Lügen im Netz. Kann man Informationen aus dem Netz trauen? Wie vermeidet man falschen Online-Informationen aufzusitzen, in: DIE ZEIT, Nr. 6, 31.01.2008, S. 37.

Universitätsbibliothek der Universität Augsburg (2010), Literaturverwaltung. Was sind Literaturverwaltungsprogramme? http://www.bibliothek.uni-augsburg.de/service/literaturverwaltung, Stand 13.08.2010.

Universitätsbibliothek der Universität Bielefeld (2010), Information plus, www.ub.uni-bielefeld.de/biblio/search/services, Stand 16.03.2010.

von Bebber, F. (2010), Moderne Lernstätten: Mit der Pizza in die Bib, in: Spiegel Online, 26.10.2010.

Winterhoff-Spurk, P. (1999), Medienpsychologie. Eine Einführung, Stuttgart.

Weber-Wulff, D. (2010), Copy + Paste = Plagiat? in: Gasteiner, M./Haber, P. (Hrsg.) (2008), Digitale Arbeitstechniken für Geistes- und Kulturwissenschaften, Wien, Köln, Weimar, S. 111-122.

Wirada, J.-M. (2008), Die schnelle Info aus dem Netz. Studierende vertrauen bei ihren Recherchen vor allem auf Wikipedia, in: DIE ZEIT, Nr. 48, 2008, S. 47.

Ziegler, N. (2006), Anwendungsorientierte Informationsrecherche. Informationsdienstleistungen für den deutschen Wissenschaftssektor, Saarbrücken.

Zimmer, D. E. (2000), Die Tücken des Opac, in: ZEITpunkte, Nr. 1, 2000, S. 80-83.

Zuckerman, E. (2010), Inseln im Netz. Das Internet hat unseren Blick auf die Welt nicht geöffnet, sondern verengt, in: Süddeutsche Zeitung, Nr. 167, 23.07.2010, S. 11.

Sachregister

Reihe
Kompaktwissen Kommunikations- und Führungstechnik

Band 1
Albert F. Herbig
Vortrags- und Präsentationstechnik.
Erfolgreich und professionell vortragen und präsentieren
Books on Demand (BoD), Norderstedt, 2. überarbeitete Auflage 2006
ISBN 3-8334-3902-5
209 Seiten, 85 Abbildungen
15,90 Euro

Band 2
Albert F. Herbig
Führungskonzepte und -theorien.
Grundlagen professioneller Mitarbeiterführung
Books on Demand (BoD), Norderstedt, 2005
ISBN 3-8334-2482-6
96 Seiten, 13 Abbildungen
15,90 Euro

Band 3
Albert F. Herbig/Anette Stürmer
Informationskompetenz im Wirtschaftsstudium.
Erfolgreiche Informationsrecherche für betriebswirtschaftliche Bachelor- und Masterarbeiten
Books on Demand (BoD), Norderstedt, 2011
ISBN 9783842347113
262 Seiten, 82 Abbildungen
17,90 Euro

Bestellungen über den Buchhandel oder alle Internet-Buchshops.